우리가 꼭 알아야 할
멸종위기
야생생물 II
개정판

글쓴이
최태영, 이배근, 윤종민, 권인기, 강승구, 이선주, 윤주덕, 김홍근, 김영중, 김만년, 장금희, 박종대, 이창우

우리가 꼭 알아야 할
멸종위기 야생생물 II 개정판

발행일 2024년 11월 20일 초판 1쇄 발행
엮음 국립생태원
발행인 조도순
책임 편집 유연봉 | **편집** 최유준, 정태원 | **기획** 안정섭
편집 진행·디자인 도서출판 지성사
발행처 국립생태원 출판부 | **신고번호** 제458-2015-000002호(2015년 7월 17일)
주소 충남 서천군 마서면 금강로 1210 / www.nie.re.kr
문의 041-950-5999 / press@nie.re.kr

ⓒ 국립생태원 National Institute of Ecology, 2024

ISBN 979-11-6698-492-1 (03470)

일러두기

국립생태원 출판부 발행 도서는 기본적으로 「국어기본법」에 따른 국립국어원 어문 규범을 준수합니다.
동식물 이름 중 표준국어대사전에 등재된 경우 해당 표기를 따랐으며, 우리말 표기가 정립되지 않은
해외 동식물명과 전문용어 등은 국립생태원 자체 기준에 의해 표기하였습니다.
고유어와 '과(科)'가 합성된 동식물 과명(科名)은 사이시옷을 불용하는 국립생태원 원칙에 따라 표기하였습니다.
두 개 이상의 단어로 구성된 전문 용어는 표준국어대사전에 합성어로 등재된 경우에 한하여 붙여쓰기를 하였습니다.
이 책에 실린 글과 그림의 전부 또는 일부를 재사용하려면 반드시 저작권자와 국립생태원의 동의를 받아야 합니다.
이 책에 실린 모든 글과 그림을 저작권자의 허락 없이 무단으로 사용하거나 복사하여 배포하는 것은
저작권을 침해하는 것입니다.

※ 이 책은 환경 보존을 위해 친환경 용지를 사용하였고, 인체에 무해한 공기름 잉크로 인쇄하였습니다.

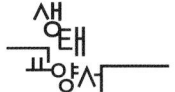
생태교양서

우리가 꼭 알아야 할
멸종위기 야생생물 Ⅱ
개정판

국립생태원 엮음

발간사

 멸종위기 야생생물이란 무엇일까요? 이는 산과 들 또는 강 등의 자연 상태에서 스스로 살아가는 야생의 동식물이 자연적 또는 인위적 위협 요인에 따라 개체수가 눈에 띄게 줄어들거나 적은 수만 남아 있어 가까운 미래에 절멸될 위기에 처한 상태를 뜻합니다. 이에 우리나라는 멸종될 우려가 있는 야생생물에 대해 멸종위기 야생생물로 지정하여 보호하고 있습니다. 멸종위기 야생생물은 그 심각성에 따라 멸종위기 야생생물 I급과 II급으로 나뉩니다. 멸종위기 야생생물 I급은 자연적 또는 인위적 위협 요인에 따라 개체수가 눈에 띄게 줄어들어 멸종위기에 처한 야생생물을 가리키며, 멸종위기 야생생물 II급은 위협 요인이 제거되거나 완화되지 않을 경우 가까운 장래에 멸종위기에 처할 우려가 있는 야생생물을 가리킵니다.
 그렇다면 왜 야생생물을 보호하고 보전해야 할까요? 야생생물은 우리 세대와 미래 세대의 공동 자산이라 할 수 있습니다. 따라서 우리

세대는 야생생물과 그 서식 환경을 적극 보호하여 그 혜택이 미래 세대에 돌아가게 할 의무가 있습니다. 이러한 취지에서 국립생태원은 야생생물 멸종위기종 보전은 물론, 우리나라 자연 생태계를 되살리기 위한 우리 모두의 관심을 이끌어내기를 바라는 간절함을 담아 멸종위기 야생생물 II급 13종을 소개하는 생태교양서『우리가 꼭 알아야 할 멸종위기 야생생물 II』를 선보이게 되었습니다.

말벌의 천적이자 농부들에게도 매우 유익한 역할을 하는 생태계 조절자 담비, 딱따구리 둥지나 벌집 둥지를 가로채며 사는 하늘다람쥐, 건강한 갯벌의 지표종인 떠돌이새 검은머리갈매기, 우리나라 토종 텃새이지만 잡종화 위기에 처한 낭비둘기, 눈 뒤에서 등 쪽까지 2줄의 금색 융기선이 뚜렷한 금개구리, 물고기의 자식 사랑을 대표하는 가시고기와 다른 물고기에게 자기 알을 맡기는 돌고기류, 영롱하고 화려한 몸 색으로 사랑받는 임실납자루와 묵납자루, 큰줄납자루,

 한강납줄개의 납자루아과 물고기, 가축의 배설물을 분해하여 땅을 기름지게 하는 소똥구리, 뒷날개 끝부분의 꼬리돌기로 스스로를 보호하는 쌍꼬리부전나비, 날지 못하고 움직임이 둔한 땅보주름메뚜기, 우리가 사는 집처럼 물속 공기주머니 안에서 생활하는 물거미, 외딴섬 홍도와 하태도에서 살아가는 참달팽이, 습지 생태계를 지속가능하도록 도와주는 가시연이 바로 그 주인공입니다.
 이 책에는 13꼭지로 나누어 멸종위기 야생생물 II급 종에 관한 형태와 생태 특징, 분포 지역과 행동권을 비롯하여 왜 멸종위기에 처했는지를 살펴봅니다. 이와 더불어 멸종위기에 놓인 한반도의 야생생물을 보전하고 복원하기 위해 국립생태원 멸종위기종복원센터에서 펼치는 전문 연구원들의 연구와 활동에 관한 기록도 담았습니다.

만약 우리가 야생생물에 대한 인식을 바꾸지 않고 무관심으로 일관한다면 앞으로 더 많은 종이 사라질 위험에 처하게 될 것이며, 우리의 삶에도 좋지 않은 영향을 끼칠 것입니다. 우리나라의 소중한 생물들을 지키려면 없어져도 그만인 식물과 동물이 아닌, 정말 소중한 우리의 재산으로 여기는 사회적 공감대가 형성되어야 합니다.

이름만 들어도 정겨운 야생생물들이 지구상에서 완전히 사라진다는 것은 상상만 해도 너무 슬프고 끔찍한 일입니다. 우리의 자연 속에서 더 많은 식물과 동물들이 건강하고 아름다운 모습으로 살아가기를 바라며, 이 책을 통해 우리나라에서 살아가는 야생생물에 대해 진정한 애정과 관심을 가지는 기회가 되었으면 합니다.

국립생태원장

차 례

발간사 4

01

인간과 자연의 공존, 생태계를 조절하는
담비

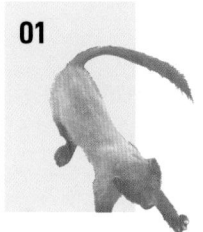

단비? 밤비? 담비! 14 | 담비의 형태 특징 15 | 고급 모피 종 담비가 세계사에 미친 영향 16 | 우리나라 담비의 생태 특징 18 | 담비를 이해하고 보호해야 하는 이유 25

02

둥지 가로채기의 달인
하늘다람쥐

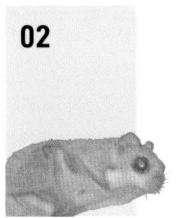

딱따구리가 파놓은 나무 구멍에서 겨울을 나는 하늘다람쥐 28 | 하늘다람쥐 바라보기 30 | 하늘다람쥐의 번식 전략 32 | 때로는 거추장스러운 비막 34 | 하늘다람쥐와 더불어 살아가기 36

03

둥지 포식자를 피하기 위해 떠도는
검은머리갈매기

창시자 개척군으로 연구 가치가 높은 검은머리갈매기 42 | 검은머리갈매기의 생태 특징 44 | 검은머리갈매기가 멸종위기에 처한 까닭은? 46 | 지속적인 교육과 토론으로 효율적인 서식지 보존이 필요한 때 50

04
우리나라 토종 텃새
낭비둘기

낭비둘기와 집비둘기는 어떻게 다를까? **56** | 낭비둘기는 우리나라 토종 텃새 **59** | 잡종화 발생을 막는 최선의 방법을 모두가 고민할 때 **61**

05
만물이 겨울잠에서 깨어나는 절기를 알려주는
금개구리

수생태계와 육지생태계를 연결하는 양서류 **68** | 금개구리 형태와 생태 특징 **69** | 우리와 함께한 개구리 그리고 문화와 과학적 가치 **74** | 금개구리의 미래(양서류의 미래) **76**

06
다양한 번식 전략을 펼치는
물고기들

가시고기와 감돌고기 그리고 물고기의 자식 사랑 **80** | 탁란으로 자손을 잇는 돌고기류 **83** | 물고기는 종족의 안정적 번식과 생존에 관한 대단한 전략가 **86**

07
아름다운 납자루아과 어류와 물고기들의 다양한
산란

아름다운 납자루아과 물고기 90 | 멸종위기 납자루아과 물고기들 92 | 최고의 효과를 노리는 물고기의 산란 방식 97

08
초식동물 배설물로 초지를 건강하게 하는
소똥구리

우리에게 친숙한 소똥구리가 사라졌다?! 102 | 땅을 기름지게 하는 배설물 분해자 103 | 서식 환경의 오염으로 사라진 소똥구리 106 | 소똥구리를 복원하기 위한 방법 108 | 증식과 복원을 위한 끊임없는 노력 110

09
개미들과 함께 살아가는
쌍꼬리부전나비

날개 인편과 빛의 작용으로 아름다움을 더한 쌍꼬리부전나비 114 | 한정된 지역에 서식하는 귀한 나비 115 | 쌍꼬리부전나비의 독특한 생태 특징 116 | 쌍꼬리부전나비의 생태계 내 역할 120 | 멸종위기종 복원은 건강한 생태계를 만드는 노력 122

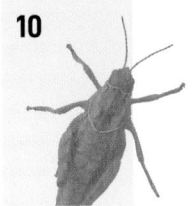

10
날지 못하고 움직임이 둔한
뚱보주름메뚜기

생태계의 1차 소비자 메뚜기 126 | 우리나라에 서식하는 주름메뚜기과의 유일한 메뚜기 128 | 뚱보주름메뚜기의 형태 특징 129 | 뚱보주름메뚜기의 생태 특징 132 | 뚱보주름메뚜기의 미래 134

공기주머니를 단 잠수부
물거미

독특한 생활 방식과 특성이 다양한 물거미 138 | 물거미의 형태와 생태 특징 139 | 물거미는 어떻게 물속 생활을 할까? 141 | 공기주머니와 먹이 사냥 144 | 천연기념물로 지정된 물거미의 서식지 146 | 물거미 서식지 보전을 위한 노력 147

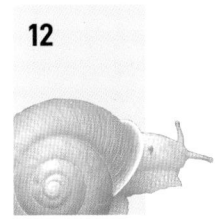

섬에만 사는 우리나라 고유종
참달팽이

우리나라 고유종 참달팽이 152 | 참달팽이는 왜 외딴섬에서 살게 되었을까? 154 | 독특한 방법으로 번식하는 달팽이류 155 | 참달팽이가 살아가는 방법 156 | 참달팽이는 왜 복원해야 할까? 160

온통 가시로 뒤덮인
가시연

사나운 에우리알레 가시연 164 | 산업화와 도시화로 위험에 빠진 야생 가시연 167 | 가시연의 생태계 역할 169 | 야생 가시연의 보전 방안 172

찾아보기 174

01

인간과 자연의 공존, 생태계를 조절하는
담비

···· 최태영

세계자연보전연맹 적색목록 | **관심대상(LC)**

단비? 밤비? 담비!

위 세 낱말은 집에서 키우는 강아지나 고양이에게 많이 붙이는 이름들입니다. 이 낱말들에서 풍기는 느낌이 귀여워 반려동물 이름으로 사랑받지요. 다만 이 세 낱말은 각각 의미가 다르지만 그 의미를 알지 못한 채 붙이곤 합니다.

먼저 '단비'는 긴 가뭄 끝에 내리는 반가운 비를 뜻합니다. 따라서 단비는 '귀엽다'기보다 '반갑다'라는 뜻에 가깝습니다. 다음으로 '밤비'는 월트 디즈니의 만화에 등장하는 아기 사슴의 이름입니다. 몸에 하얀색 반점이 있는, 작고 귀여우며 이미지가 착한 동물이지요. 아마도 많은 사람들이 단비나 담비라는 이름에서 기대하는 것은 이 '밤비'가 아닌가 싶습니다.

마지막으로 이 글의 주인공 '담비'가 있습니다. 담비는 귀엽고 활달하지만 사나운 야생동물입니다. 담비는 식육목 order Carnivora 족제비과 family Mustelidae 담비속 genes Martes 에 속하는 포유동물입니다.

지구상에 담비속에는 모두 8종의 담비들이 존재합니다. 지구 북반구의 온대림에서 유럽, 아시아, 북미에 주로 서식하며, 일부 종은 열대 지역에도 서식합니다. 우리나라에 서식하는 담비 영명: Yellow-throated marten, 학명: *Martes flavigula*는 타이완, 인도차이나반도, 중국 동북부, 한반도, 러시아 연해주에 걸쳐 분포합니다.

담비의 형태 특징

담비속에 속하는 종들은 공통적으로 귀여운 얼굴에 귀가 작고, 몸이 길며, 짧은 다리에 꼬리가 깁니다. 대개 몸 색은 전체적으로 검은색을 띠지만, 일본담비 영명: Japanese marten, 학명: *Martes melampus*는 누런색을 띱니다. 우리나라에 서식하는 담비는 머리, 엉덩이, 꼬리, 다리는 검은색이며 몸통은 노란색입니다.

어린 새끼에게 다가가는 어미

담비 종들은 족제비과에 속하는 동물들이 그렇듯, 앞발과 뒷발 각각의 다섯 개 발가락에 날카로운 발톱이 있어 나무에 오르거나 동물을 사냥할 때 아주 쓸모 있습니다. 이때 긴 꼬리는 나무 위에서 중심을 잡으며 나뭇가지 사이를 뛰어다니는 데 도움을 줍니다.

우리나라에 서식하는 담비는 전 세계에 서식하는 8종의 담비 중 몸집이 가장 크며, 몸무게는 대략 암컷이 3.2~4킬로그램, 수컷은 3.7~5.5킬로그램에 이릅니다. 꼬리를 포함한 몸길이는 90~110센티미터로 꼬리 길이와 몸통 길이가 비슷합니다.

담비속에 속하는 종들은 대개 모피의 내구성이 좋고 윤기가 있어 옛날부터 값진 수렵 대상종이자 중요한 무역 상품이었습니다. 우리나라에 서식하는 담비는 몸집은 크지만 모피의 품질이 떨어져 다행히 주요 수렵종으로 자리 잡지 못했습니다. 하지만 한반도 북부에 서식하는 검은담비영명: Sable marten, 학명: *Martes zibellina*는 모피의 품질이 매우 우수하여 발해 등 역사적으로 오랫동안 그 지역의 대표적인 교역 물품으로 자리 잡아 왔습니다.

고급 모피 종 담비가 세계사에 미친 영향

옷은 문명의 역사를 대변합니다. 인간의 역사에서 사냥에서 얻은 모피는 추위를 피하기 위한 의복에 머물지 않고 비단과 더불어 사회적 신분을 상징하는 지표로 일찌감치 자리 잡았습니다. 앞서 설명했듯이 우리나라에 서식하는 담비는 모피의 품질이 떨어져 주목받지 못했지만, 백두산을 중심으로 하는 한반도 북부와 만주, 연해주, 중앙아시아 북부에 서식하는 검은담비는 최고급 모피로서 오랫동안 중요한 교역 물품이었습니다.

고조선은 백두산 일대에서 채집한 모피를 가공하여 중국에 공급하는 모피 중계 무역의 중심지로 성장했으며, 특히 발해는 중앙아시아와 일본을 잇는 모피 무역의 중계자이기도 했습니다. 이때 대표적인 모피는 단연 검은담비로 추정됩니다. 이른바 '담비길'은 카자흐스탄~알타이산맥~몽골~아무르강~발해~일본에 이릅니다.

'대항해 시대'를 맞아 유럽 사회는 신대륙에서 들여온 금과 비버 모피 교역으로 어마어마한 부를 쌓았습니다. 비버 모피로 만든 검은색 펠트 모자는 유럽 신사들의 필수품이기도 했지요. 이에 대한 대응책으로 러시아는 상품 가치가 높은 검은담비를 좇아 동쪽으로 이동하여 마침내 한반도와 맞닿은 동해안까지 진출했습니다. 이 진출은 우리 민족의 근현대사에 막대한 영향을 미치는 결과로 이어졌습니다. 러시아가 시베리아를 횡단하며 아시아 동쪽 끝까지 영토를 확장하고, 두만강과 접경을 이루게 된 계기가 바로 검은담비였던 것입니다.

우리나라 담비의 생태 특징

 **미식가 담비**

전 세계에 서식하는 모든 담비 종은 기본적으로 육식성이지만, 우리나라에 서식하는 담비는 육식과 더불어 과일을 많이 먹는 잡식성입니다. 지리산 권역에서 수집된 584점의 담비 배설물을 분석한 결과 생중량건조하지 않은 먹이 무게로, 야생에서 섭식 당시의 먹이 무게를 의미 기준으로 연간 전체 먹이의 49.33퍼센트가 다래 등의 과일이며, 청설모 등의 소형 포유류 13.29퍼센트, 고라니 및 어린 멧돼지와 같은 대형 포유류 12.26퍼센트, 어치 및 새알 등의 조류 7.87퍼센트, 누룩뱀 등의 양서·파충류 4.74퍼센트, 말벌 등의 곤충류 4.03퍼센트, 꿀밀랍이 8.47퍼센트를 차지했습니다. 이 같은 분석은 야생의 배설물에서 나온 먹이원들을 사육 상태의 담비에게 제공하고, 그 배설물에서 먹이당 소화율 차이를 구하는 등의 과정을 거쳤습니다.

이렇듯 과일을 많이 먹는 담비의 특성으로 서식지가 온대 지역에 머물지 않고 열대 지역까지 넓히게 되었습니다. 열대 및 아열대 지역에는 연중 과일이 열려 안정적인 먹이를 구할 수 있기 때문이지요.

우리나라에서 담비가 주로 먹는 과일은 다래, 버찌, 감, 머루, 으름 등 과육이 많고 단맛이 난 종류들입니다. 시기적으로는 5월과 6월에 벚나무 열매 버찌와 뽕나무 열매 오디를 집중적으로 먹으며, 8월에는 으름, 9월부터 초겨울까지는 다래, 10월에는 감, 11월부터 초겨울까지는 고욤 열매를 대체로 많이 먹습니다. 그리고 간간이 산딸기, 꾸지뽕 열매, 은행, 사과 등을 먹으며 이를 위해 과수원과 인가 근처에 내려오기도 합니다.

담비의 먹이를 종합적으로 볼 때 고기와 과일 그리고 새알과 꿀을 좋아하는 습성을 지녔습니다. 마치 사람의 입맛과 비슷할 만큼 미식가적 기질을 지녔음을 알 수 있지요.

 꿀벌, 말벌, 담비의 삼각관계

담비는 꿀을 좋아합니다. 전체 먹이에서 꿀은 8.47퍼센트에 지나지 않지만 자연에서 꿀이 흔치 않음을 감안하면 매우 비율이 높습니다. 다시 말해, 적극적으로 찾아 먹는 먹이에 해당하는 셈입니다. 사육 중인 담비에게 고기, 과일, 꿀을 동시에 제공하면 가장 먼저 먹는 것이 꿀입니다. 이 때문에 중국에서는 담비를 밀구蜜狗, 즉 꿀을 먹는 개라고도 합니다.

재미있는 것은 꿀벌의 천적인 말벌과 담비의 관계입니다. 담비 먹이 가운데 곤충류는 4.03퍼센트이지만 거의 대부분 말벌이 차지합니다. 숲에 사는 수많은 곤충 중에 말벌보다 더 잡기 쉽고 크기도 큰 매미와 사슴벌레처럼 훌륭한 먹이원인 종들이 많지만 담비는 그런 곤충은 먹지 않고 말벌에 집중합니다. 이처럼 담비가 말벌을 잡아먹는 것은 영

담비 똥에서 보이는 말벌

양분을 얻기 위해서가 아닌 다른 이유가 있음을 의미합니다.

모두가 알다시피 말벌은 꿀벌의 천적입니다. 말벌 한두 마리가 꿀벌 수천 마리가 사는 꿀벌 집에 쳐들어가 초토화하기도 합니다. 또한 커다란 말벌 집은 인간에게도 위협적이라 119에 신고를 하면 곧바로 처리해 주는 단골 민원이기도 합니다. 이런 말벌을 담비가 적극적으로 잡아먹습니다. 늦가을에서 초겨울의 담비 배설물을 살펴보면 배설물에 말벌 사체가 있는 경우도 종종 있습니다. 이 시기의 말벌은 모두 여왕벌이라 담비가 이듬해 자칫 늘어날 수도 있는 말벌 개체수를 어느 정도 통제하는 역할을 한다고 볼 수 있습니다. 꿀을 매우 좋아하는 담비는, 꿀을 생산하는 꿀벌의 천적인 말벌을 본능적으로 매우 싫어하는 기질이 있다고 추론할 수도 있지요. 이 부분에는 좀 더 깊은 연구가 필요합니다.

최상위 포식자 담비

"범 잡는 담비"라는 속담이 있습니다. 이는 몸집이 작은 담비가 대형 맹수인 호랑이를 잡는다는 뜻으로, 잘난 체 말고 겸손해야 함을 비유적으로 이르는 말입니다. 하지만 정말로 담비가 호랑이도

잡을 수 있을까요? 무언가 근거가 있으니 이러한 속담이 생겨난 것이 아닐는지요.

담비는 범, 즉 호랑이나 표범을 사냥할 정도의 맹수는 아닙니다. 그렇다고 해서 호랑이나 표범이 담비를 쉽게 사냥하지도 못합니다. 담비의 행동이 매우 민첩하고 나무를 잘 타 범의 공격을 재빨리 피하기 때문입니다. 아마도 옛날에 담비가 호랑이를 무서워하지 않고 가까이 따라다니며 호랑이가 사냥하고 남긴 고기를 먹는 모습을 종종 목격한 뒤 생겨난 속담으로 추정됩니다.

담비는 주로 청설모, 산토끼, 고라니, 노루, 어린 멧돼지를 사냥합니다. 이때 두서너 마리가 함께 협동으로 자기 몸무게보다 5~10배 정도 더 무거운 고라니와 노루를 공격합니다. 담비는

ⓒ 최태영

담비 똥에서 보이는 멧돼지 털

호랑이, 표범 같은 대형 맹수들의 먹이와 일부 겹치는 최고 포식자에 해당한다고 볼 수 있습니다. 포유류 중에서 담비가 가장 많이 잡아먹는 동물은 청설모입니다. 청설모는 나무를 잘 타긴 하지만 담비 두세 마리가 협공을 하면 꼼짝없이 당하고 맙니다.

이렇듯 멧돼지와 고라니는 농작물에 피해를 주고, 청설모는 밤, 잣, 호두에 피해를 줍니다. 담비가 이들의 천적이니 농민들 입장에선 여

간 고마운 존재가 아닐 테지요. 담비는 단순히 생태계 최상위 포식자일 뿐만이 아니라 인간과 자연이 공존할 수 있는 기회를 마련하는 생태계 조절자이기도 합니다.

 낮에 활동하는 담비

대체로 포식자 포유동물은 밤에 활동하는 야행성이지만 담비는 사람처럼 낮에 활동하는 주행성입니다. 무인 센서 카메라에 촬영된 담비 사진을 분석해 보면 90퍼센트 이상이 아침 7시부터 저녁 8시까지 활동합니다. 가장 활발하게 나타나는 시간은 아침 9시와 저녁 6시 전후로, 마치 출퇴근 시간대에 도로가 가장 붐비는 인간 세상을 떠올리게 합니다.

담비가 낮에 활동하는 주요 원인은 먹이와 관련되어 있습니다. 담비 먹이의 절반 정도는 과일로, 먹기 알맞게 익으면 색이 붉거나 노랗게 변합니다. 따라서 밤보다는 낮이 나무에 열매가 열렸는지, 그리고 그 열매가 잘 익었는지를 눈으로 확인하기 쉽겠지요. 진화론 입장에서 보면, 열매가 익을 때 색이 변하는 현상은 식물이 낮에 활동하는 동물들을 유혹하기 위한 자연 선택입니다. 이는 나무 열매를 주로 먹는 새들이 대부분 낮에 활동하는 것에서도 알 수 있습니다.

낮에 활동하는 담비에게도 문제가 있는데, 바로 사람과의 갈등입니다. 담비 입장에선 낮에 산을 오르는 등산객들이 상당히 신경 쓰일 것입니다. 숲에서 여럿이 떠들며 다닐 때 담비와 같은 야생동물이 얼마나 스트레스를 받는지 우리는 눈치채지 못합니다. 조용히 움직이는 야생동물은 사람을 먼저 발견하고 피합니다. 숲에 늘 사람들이 나타나 어수선하면 담비는 서식하기 힘들어집니다. 신경 쓰여 살 수 없는 것은 당연합니다. 그나마 불행 중 다행은 주로 주말에만 집중적으로 등산객들이 산에 오르고 평일에는 그 수가 매우 적다는 점입니다. 주말에는 스트레스를 크게 받아도 평일에는 숲에 등산객이 거의 없어 어찌어찌 담비가 참아 가며 살아갈 수 있으니, 본의 아니게 인간과 동물이 공존하는 법칙이 이미 적용되는 셈입니다.

 멀리 돌아다니는 담비

동물이 일상생활을 이끌어 나가기 위해 이용하는 공간 범위를 '행동권home range'이라 하며, 대개 해당 공간을 반복적으로 이용합니다. 동물에 따라 다른 개체와 행동권 안 공간을 공유하기도 하고 배척하기도 합니다. 이때 서로 배척하여 차지하는 공간을 '세력권territory'이라고 합니다. 일종의 소유 개념의 영역입니다.

대형 육식동물인 호랑이는 수컷 간에 세력권을 형성하며, 늑대는 무리 간에 강한 세력권을 형성합니다. 반면, 우리나라에 사는 담비는 세력권이 약하여 행동권을 다른 개체와 쉽게 공유하는 특성을 지닙니다. 담비는 수컷들끼리 일시적으로 무리를 이루어 먹이를 협동으로 사냥하는 특성이 있기 때문입니다.

담비 행동권의 특징은 그 면적이 매우 넓다는 점입니다. 담비와 몸집이 비슷한 너구리와 오소리가 겨우 1제곱킬로미터 내외, 삵이 3~10제곱킬로미터 내외의 행동권인 것과 달리 담비 행동권은 무려 25~100제곱킬로미터에 이릅니다. 일부 수컷은 행동권이 100제곱킬로미터가 훨씬 넘기도 합니다.

이러한 담비의 넓은 행동권은 지리산에 서식하는 반달곰이나 러시아 연해주에 서식하는 표범과 비슷한 면적인데, 이들에 비해 몸집이 10분의 1도 채 안 됨을 감안하면 담비는 실로 어마어마하게 돌아다니는 동물입니다. 담비가 멀리 다니는 이유는 먹이 특성에서 찾을 수 있습니다. 앞서 설명했듯 담비는 과일과 꿀 등 맛있는 것을 골라먹는 미식가적 기질이 있습니다. 맛집을 찾아다니는 사람이 다른 이들보다 행동권이 넓어질 수밖에 없는 것과 같지요.

보전생물학에는 우산종umbrella species이라는 개념이 있습니다. 행동권이 넓은 종이 잘 살 수 있게 생태계를 보호하면 다른 종들도 함께 보호받을 수 있다는 개념입니다. 다시 말해 우리나라에서 담비가 잘 살 수 있게 하면 담비가 씌워 주는 우산 아래에서 다양한 동·식물이 보호받을 수 있다는 뜻입니다.

담비를 이해하고 보호해야 하는 이유

담비는 꿀벌을 키우는 농가와 시민들의 생활에 불편을 주는 말벌의 천적이자, 농사를 짓는 농부들에게 피해를 주는 고라니와 멧돼지의 천적입니다. 또한 매우 넓은 산림 지역을 돌아다니며 사는 담비는 큰 산과 연결된 산림에 주로 서식합니다. 즉, 백두대간, 정맥_{산맥을 크기에 따라 등급을 나누었을 때 가장 작은 단위}, 국립공원과 같은 큰 산에서 주로 목격됩니다.

최근에는 대구광역시의 팔공산, 대전광역시의 보문산에 담비 서식이 확인될 만큼 서식 범위와 그 수가 늘어나고 있습니다. 우리나라 생태계가 최악으로 치닫지 않게 그동안 많은 노력을 기울인 결과, 점차 회복되고 있음을 알리는 청신호입니다. 이처럼 담비는 우수한 산림생태계의 지표종이자 우리나라 생태계의 최상위 포식자이며, 농부들에게도 매우 유익한 역할을 하는 멸종위기 야생생물입니다. 따라서 담비에 관심을 갖고 소중하게 여기며 보호해야 할 이유는 충분하다고 생각합니다.

02

둥지 가로채기의 달인
하늘다람쥐
···· 이배근

세계자연보전연맹 적색목록 | **관심대상(LC)**
천연기념물

딱따구리가 파놓은 나무 구멍에서 겨울을 나는 하늘다람쥐

2012년 2월 월악산 중턱을 오르다가 온몸이 옅은 갈색 털로 뒤덮인 하늘다람쥐를 만났습니다. 초롱초롱한 눈망울로 주위를 경계했습니다. 아주 커다란 말벌 집 구멍 밖으로 얼굴을 내밀다가 이내 벌집 안으로 들어갔습니다.

딱따구리는 부리로 나무를 쪼며 구멍을 뚫고 나무속에 숨은 애벌레를 잡아먹는 조류입니다. 보통 벌레가 먹은 나무는 '고사목'으로 죽은 나무이지요. 이 고사목은 속이 부드러워 딱따구리가 구멍을 내기에 아주 적합합니다. 이렇게 만든 나무 구멍은 딱따구리는 물론이고

ⓒ 이진희

나무 구멍 속 하늘다람쥐

많은 조류와 작은 동물들이 활용합니다. 특히 하늘다람쥐가 탐내는 보금자리입니다. 가끔 구멍이 있는 나무 밑동을 툭툭 치면 놀라 뛰쳐나오는 하늘다람쥐를 볼 수 있습니다.

하늘다람쥐는 딱따구리가 파놓은 나무 구멍에서 겨울을 보내는 것이 보통입니다. 하늘다람쥐가 벌집 보금자리를 마련한 것은 이례적입니다.

하늘다람쥐는 왜 이곳에서 살게 되었을까요? 식물의 섬유질로 만든 벌집은 단열에 뛰어난 과학적 건축물입니다. 육각형이 반복된 구조로 지어져 보온력이 좋습니다. 보통 하늘다람쥐가 사는 나무 구멍보다 훨씬 따뜻합니다.

하늘다람쥐의 벌집 보금자리

벌집 자체가 '보온' 역할을 하는 셈입니다. 벌들이 떠나고 아무도 없는 벌집은 겨울을 나기에 안성맞춤인 것입니다.

물론 하늘다람쥐는 딱따구리의 구멍만을 보금자리로 택하지 않습니다. 드나들 수 있는 입구 크기만 적당하면 됩니다. 이미 다른 조류가 둥지로 사용하는 나무 구멍을 빼앗기도 합니다. 인공 새집이나 오래된 주택의 구멍을 보금자리로 택하기도 하고, 나무 위에 둥근 모양으로 둥지를 지어 사용하기도 합니다.

하지만 숲이 건강하고 먹잇감이 풍부해도 딱따구리가 줄어들면 딱따구리가 만든 둥지도 줄어들게 되겠지요. 둥지로 이용할 공간이 부족해지는 셈입니다. 딱따구리 둥지를 이용하는 동물들끼리 둥지 경쟁이 치열해져 번식에 부정적인 영향을 미칠 수도 있습니다. 이러한 결과에서 우리는 생태계가 연계되어 순환하는 구조임을 알 수 있습니다. 딱따구리 개체수를 유지하는 것이 생태계를 안정시키는 방법 중 하나임을 알 수 있습니다.

하늘다람쥐 바라보기

하늘다람쥐 영명: Siberian Flying squirrel, 학명: *Pteromys volans*는 설치목 청설모과 하늘다람쥐속에 속하는 교목성 다람쥐입니다. 전국 산악지대의 나무가 알맞게 자란 자연림에 서식하는 것으로 알려졌습니다. 침엽수와 활엽수가 섞여 있는 혼합림 또는 오래된 인공 조림지에 서식하기도 합니다. 가장 많이 발견되는 서식지는 가문비나무가 주를 이루고 있는 곳입니다. 곳곳에 사시나무나 자작나무, 오리나무가 있어 낙엽이 풍부하고 먹이를 구하기 쉬운 곳이면 더욱 좋습니다.

하늘다람쥐는 낮에 잠을 자고 해가 질 무렵부터 이튿날 해가 뜨기 전까지 주로 밤에 활동합니다. 몸길이는 보통 15~20센티미터입니다. 몸 색깔은 천적의 눈에 잘 띄지 않는 색으로 나무껍질과 잘 어우

러집니다. 나무에 꽉 달라붙어 있으면 잘 보이지 않지요.

등은 회색 계통으로, 밝은 은회색에서 누런색을 띤 회색에 이르기까지 다양합니다. 배 쪽과 다리 안쪽은 흰색입니다. 하늘

나무와 비슷한 보호색을 띠는 하늘다람쥐

다람쥐는 몸집에 비해 눈망울이 커다랗습니다. 큰 눈은 하늘다람쥐가 주로 밤에 활동하는 야행성이라는 것을 잘 보여 주는 단서이기도 합니다.

호기심이 많아 종종 나무 위에서 사람을 관찰합니다. 나무 위에 굳건하게 매달릴 수 있는 비결은 잘 발달된 발톱이 있기 때문입니다.

꼬리는 털이 무성하고 넓게 펼쳐집니다. 사람들은 꼬리에 털이 거의 없는 쥐 종류를 귀엽다고 생각하지 않습니다. 하지만 하늘다람쥐는 꼬리털이 무성하고 게다가 눈도 커서 참 귀여워 보입니다. 꼬리는 보통 때 등에 붙이고 다니다가 균형을 잡기도 하지만, 활강할 때에는 방향을 조절하는 등 중요한 역할을 합니다. 하지만 꼬리는 하늘다람쥐 천적인 올빼미와 부엉이, 담비, 구렁이 등에게는 거추장스러운 부위입니

다. 이런 이유로 하늘다람쥐가 잡아먹힌 자리에는 꼬리만 남아 있기도 합니다.

하늘다람쥐의 번식 전략

하늘다람쥐의 번식 전략에 관한 연구는 해외에는 사례가 많지만 국내에는 거의 없는 실정입니다. 연구 결과를 살펴보면, 개체마다 생활 영역이 있고, 암수 단독생활을 합니다. 활발하게 진행된 유럽 연구에 따르면 번식기는 늦은 2월부터 6월 사이라고 합니다. 처음 새끼는 4월 말에서 5월에 태어나 7월 말에서 8월 중순에 독립합니다. 두 번째 새끼는 7월 말에서 8월 중순쯤 태어난다고 합니다.

국내 연구 결과에도 1년에 1~2회 번식한다고 보고하고 있습니다. 봄부터 여름에 걸쳐 새끼를 2~6마리 낳지만, 평균 3마리 정도입니다. 하늘다람쥐를 연구하고 관찰한 결과 10월 초 새끼와 어미가 함께 생활하는 것이 확인되었습니다.

갓 태어난 새끼의 성장 속도는 아주 더딥니다. 하지만 생후 35일쯤 눈을 뜬 이후로는 성장 속도가 비교적 빨라집니다. 생후 50일이면 활강 연습을 하고, 생후 60일이 지나면 어미 곁을 떠나 독립생활에 들어갑니다.

하늘다람쥐의 형태 특징은 암컷이 수컷보다 큰 암컷 편향적 성적

인공 둥지에 있는 하늘다람쥐 어미와 새끼

이형을 나타내는 것으로 확인되었습니다. 이는 단독생활을 하면서 암컷 혼자 새끼를 키우는 하늘다람쥐의 번식 전략과 관련 있는 것으로 추정됩니다.

하늘다람쥐는 대부분 밤에 활동하는 동물입니다. 땅으로 거의 내려오지 않고 나무에서 나무로 이동합니다. 많은 시간을 나무 구멍 등에서 생활합니다. 이러한 특성 때문에 관찰하기가 쉽지 않습니다. 모습을 잘 볼 수 없는 동물이라 생태나 살고 있는 서식지를 알아내기가 여간 힘든 일이 아닙니다. 직접 관찰은 어렵지만 다행히 그들이 남긴 흔적은 쉽게 찾을 수 있습니다. 둥지가 될 만한 구멍이 나 있는 나

나무 밑동에 수북이 쌓여 있는 하늘다람쥐 똥

무 밑을 유심히 살펴보면 커다란 쌀알 모양의 황갈색 똥들이 쌓여 있는 것을 발견할 수 있습니다. 하늘다람쥐 똥은 대부분 나뭇가지가 갈라지는 지점과 나무 밑동에서 확인됩니다.

때로는 거추장스러운 비막

이름에서 연상되듯, 포유동물이기는 하지만 하늘을 나는 하늘다람쥐나 박쥐가 하늘을 나는 비결은 바로 비막飛膜이라는 특수한 부위가 있기 때문입니다. 엄밀히 말하면 두 종류의 비막은 쓰임새가 다릅니다. 박쥐의 비막은 완전한 새의 날개 역할을 합니다. 이에 비해 하늘다람쥐의 비막활강막은 양 앞다리에서 뒷다리 사이에 피부막이 발달한 기관입니다. 앞 발목과 목 옆쪽, 뒷발과 꼬리 사이에 자리한 비막은 매우 작습니다.

북한에서는 하늘다람쥐를 날다람쥐라고 부릅니다. 하지만 앞서 설명했듯 새처럼 하늘을 날아다닌다는 의미는 아닙니다. 하늘다람쥐는 비막을 활용하여 나무와 나무 사이를 이동합니다. 비막을 펼치고 이동하는 모습이 마치 하늘을 나는 듯이 보입니다. 하늘다람쥐의 활강은 새처럼 날개를 퍼덕이며 비행하는 것이 아닙니다. 단지 높은 나무

하늘다람쥐의 비막

의 윗부분으로 기어올라 점프와 동시에 비막을 펼쳐 활강하는 것입니다. 하늘을 나는 것보다는 글라이딩에 가깝습니다. 한 번 활강으로 보통 20~30미터 정도 이동합니다. 때로는 100미터 이상도 이동할 수 있어 이동한 개체를 다시 발견하여 추적하기는 쉽지 않습니다.

봄부터 여름까지 버드나무, 개암나무, 자작나무 등의 어린잎과 약간의 곤충을 먹고 삽니다. 가을이 되면 밤, 호두, 잣, 개암 같은 열매 종자를 먹습니다. 이렇듯 대부분 먹이 활동은 나무 위에서 이루어집니다. 나무 위에서 빠르게 움직이기 위한 환경 적응이 비막이라는 형태로 진화한 것이 아닐까 생각됩니다. 이러한 비막도 땅 위에서 움직일 때는 오히려 걸림돌이 되기도 합니다. 비막 때문에 잘 걷지 못하고 엉금엉금 어설피 움직입니다.

하늘다람쥐는 먹이를 저장하지 않습니다. 겨울잠을 자지 않아 겨울에도 먹이 활동을 해야 합니다. 먹이가 부족한 겨울을 대비해 가을에 먹이를 충분히 먹어 몸에 지방을 저장합니다. 보통 15~20퍼센트 이상 몸무게를 늘립니다. 겨울철 야외 조사를 하다 보면 겨울잠을 자지 않고 낮에 활동하는 하늘다람쥐를 간혹 보기도 합니다. 길고 혹독한 겨울 추위를 견디는 방법은 활동을 최소화하는 것입니다. 대부분 둥지에서 휴식하거나 잠을 잡니다.

하늘다람쥐와 더불어 살아가기

하늘다람쥐는 세계자연보전연맹 International Union for Conservation of Nature, IUCN 의 적색목록 Red List 에 관심대상 LC: Least Concern 으로 분류되어 있습니다. 우리나라에서는 멸종위기 야생생물 II급 및 천연기념물로 지정하여 보호하고 있습니다.

하늘다람쥐는 산림 생태계의 꽃가루받이 매개체, 종자 퍼뜨림 등의 중요한 역할을 합니다. 우산종으로서의 가능성과 가치도 높은 것으로 알려졌습니다. 또한 귀엽고 친근한 생김새로 사람들에게 관심을 받아 깃대종 flagship species 으로서의 가치도 높은 것으로 보고되었습니다.

하지만 최근 개발과 자연 파괴로 서식지가 점점 줄어들고 있습니다. 가장 흔히 발생하는 서식지 파괴는 도로 건설입니다. 도로는 직접 도로를 건너거나 이동 통로를 이용하는 동물과 달리 하늘다람쥐에게는 아주 큰 장애물입니다. 활강하여 도로를 건너는 데 어려움이 많습니다. 이런 경우 아주 작은 배려로 도움을 줄 수 있습니다. 도로 옆에 큰 나무를 심거나 높은 장대를 설치하면 됩니다. 하늘다람쥐가 나무나 높은 장대에 올라 활강하여 도로를 건널 수 있기 때문입니다.

함께 살기 위한 또 다른 배려는 인공 둥지를 달아 주는 것입니다. 서식지가 파괴되거나 훼손됨에 따라 보금자리가 점점 부족해졌습니다. 숲속 큰 나무를 베면 딱따구리 등 조류가 나무 구멍을 파서 만드는 둥지 재료가 사라지게 됩니다. 나무 둥지가 부족하면 이곳을 이용하는 동물들의 생존이 위협받는데 하늘다람쥐도 예외는 아닙니다. 인공 둥지를 달아 하늘다람쥐가 활용하는지 실험해 보았습니다. 실험 결과 둥지로 활용하는 것이 확인되었습니다.

최근 하늘다람쥐가 좀 더 살기 적합한 인공 둥지를 개발하는 연구가 진행되고 있습니다. 둥지 개발과 서식지 내 설치 노력은 사라져 가는 하늘다람쥐를 살리는 데 아주 큰 힘이 될 것입니다.

하늘다람쥐와 더불어 살기 위해서는 먼저 그들을 이해해야 합니다. 하지만 우리나라에서 하늘다람쥐에 관한 연구는 매우 부족한 실정입니다. 어떻게 살고 있는지, 어디에 살고 있는지, 무엇을 좋아하는지 아직도 많은 연구가 필요합니다.

인공 둥지를 활용하는 하늘다람쥐

　야생동물을 보전하려면 현재 처한 상황을 분석해야 합니다. 각 동물마다 필요한 단계의 연구와 보전 정책을 펼쳐야 하기 때문입니다. 하늘다람쥐는 국내 분포 및 서식지 이용에 관한 연구가 우선 필요합니다. 또한 행동과 생태에 관한 기초 연구도 거의 없는 수준이라 기초 연구의 지속적인 진행과 맞춤형 보전 전략이 필요합니다.

　한편, 귀여운 생김새 때문일까요? 하늘다람쥐를 수입하여 기르는 사람들도 있습니다. 이는 미국에서 판매할 만큼 흔한 북미산 하늘다람쥐로 '서던 플라잉 스쿼럴Southern flying squirrel'이라고 합니다. 사람을 잘 따라 반려동물로 인기가 많은 종입니다. 하지만 우리나라 환경에 맞지 않는 외래종입니다. 관리가 소홀해 방치하면 배스나 블루길, 뉴트리아, 황소개구리처럼 우리나라 생태계에 악영향을 미칠 수 있습니다.

또한 멸종위기 야생생물을 허가 없이 사육하는 행위는 법으로 금지되어 있습니다. 위반하면 5년 이하의 징역 또는 5,000만 원 이하의 벌금을 내야 합니다. 우연한 기회에 하늘다람쥐를 접하더라도 섣부른 사육은 금물입니다. 야생동물 구조센터나 해당 관리기관에 보내야 합니다. 이러한 태도는 하늘다람쥐를 보호하고 보존하는 첫 걸음입니다.

03

둥지 포식자를 피하기 위해 떠도는
검은머리갈매기
•••• 윤종민, 이선주

세계자연보전연맹 적색목록 | **취약(VU)**

ⓒ 권인기

창시자 개척군으로 연구 가치가 높은 검은머리갈매기

검은머리갈매기영명: Saunders's Gull, 학명: *Saundersilarus saundersi*는 현재 세계자연보전연맹IUCN 적색목록에 취약VU: Vulnerable으로 분류되었으며, 우리나라 환경부에서는 멸종위기 야생생물 II급으로 지정하여 보호하고 있습니다. 1990년대 한국 적색목록에 절멸 위기EN: Endangered 등급으로 분류되어 다른 종에 비해 비교적 작은 개체군을 유지하고 있고, 앞으로 20년간 갯벌 매립, 집단 번식 방해 등에 따라 지속적으로 개체군이 감소될 가능성이 높은 종입니다.

검은머리갈매기의 분포권은 중국, 한국, 일본에 매우 제한된 지역으로 알려졌습니다. 최대 번식지인 중국에는 랴오닝성遼寧省, 산둥성山東省, 장쑤성江蘇省 매립지가 포함되어 있으며, 우리나라에는 1998년 처음 인천 해안가 매립지와 전라북도 군산 새만금 매립지에 번식 개체군이 자리를 잡았습니다. 이는 우리나라를 번식지로 개척한 창시자 개체군founder population이라 연구할 가치가 큽니다.

해양성 조류인 갈매기 특성상 주요 먹이터는 갯벌입니다. 보통 갈매기들은 천적을 피해 먼 바다 외딴섬에서 집단으로 번식하지만, 검

갯벌에서 먹이 활동 중인 검은머리갈매기

검은머리갈매기는 갯벌 인근 매립지에 집단으로 둥지를 틉니다.

장애물이 없는 나지 초목이 없는 벌거벗은 땅에 염생식물류 halophytes가 드문드문 서식하는 갯벌 매립지 환경을 검은머리갈매기는 집단 번식지로 선택합니다.

7월쯤 번식이 끝나면 중국 동남부 해안가, 우리나라 그리고 일본에서 겨울을 보냅니다. 지난날 우리나라에서 검은머리갈매기는 사계절 서식하는 '텃새'로 분류되었으나 최근 한·중·일 이동경로 공동 연구에서 겨울철 우리나라에서 관찰되는 개체들은 중국에서 온 개체들이 대부분인 것으로 밝혀졌습니다. 반면, 우리나라 번식 개체들은 우리나라 남서 해안가와 일본으로 내려가 겨울을 보냅니다.

검은머리갈매기는 국제적으로 성조 약 2만 5000마리2022년 기준로 추정되며, 그 수가 감소 추세에 있습니다. 검은머리갈매기는 우리나라 서해안 갯벌의 건강성 지표가 되기 때문에 종 자체를 복원해야 하지만, 검은머리갈매기의 서식지인 갯벌-매립지 역시 보전해야 할 시급한 상황입니다.

검은머리갈매기의 생태 특징

일반적으로 우리가 바닷가에서 볼 수 있는 갈매기류와 검은머리갈매기는 생태적으로 다른 점이 많습니다. 검은머리갈매기는 이름 그대로 번식기가 되면 머리가 검은 깃털로 바뀝니다. 몸은 전체적으로 흰색과 옅은 회색을 띠며, 여느 갈매기들과 달리 부리가 조금 두텁고 검은색이며, 다리는 붉은색입니다.

번식이 끝나면 머리가 다시 흰색으로 바뀌는데, 번식기가 아닌 때의 생김새는 붉은부리갈매기영명: Black-headed Gull, 학명: *Larus ridibundus*와 매우 유사합니다. 이때 부리의 색과 모양으로 두 종을 구별할 수 있습니다.

전체적으로 생김새나 행동은 일반 갈매기류gulls와 제비갈매기류terns의 중간 형태를 보입니다. 이 종은 계통 분류학적으로 유사종이 없어 *Saundersilarus*속 여러 나라의 학자들이 매우 관심 있게 보고 있습니다.

검은머리갈매기는 4~6월 인천 지역 매립지에서 집단 번식을 하며, 바닥에 둥지를 틀고 한 배에 알을 3~4개 낳으며, 알 품는 기간은 약 26일로 알려졌습니다. 반조숙성semi-precocial인 새끼 검은머리갈매기는 조숙성 precocial과 만숙성altricial 중간 단계의 성장 발달상을 보입니다. 다시 말해, 부화 후 이동성이나 독립성에서는 조숙성 새끼와 유사하지만, 부화 후 며칠 간 부모

알을 품고 있는 검은머리갈매기(위),
알에서 깨어난 어린 검은머리갈매기(아래) ⓒ 윤종민

의 도움이 필요한 만숙성 새끼의 특성을 보입니다. 따라서 새끼는 부화한 뒤 약 3일 정도 둥지 주변에 머물다가 부모를 따라 걸어서 갯벌로 이동합니다. 부화 후 짧은 이소둥지를 떠남 시기를 놓치면 새끼들이 도대체 어디로 갔는지 찾을 수가 없습니다.

최근 연구 결과에 따르면 수컷은 암컷보다 빨리 자라며, 운동성이나 섭식 능력 또한 뛰어난 성적이형의 특징을 보입니다. 이는 성장 과정에서 암컷보다 수컷이 생존에 강하다는 것을 유추할 수 있습니다. 외딴섬의 갈매기류 번식지와 달리, 매립지의 바닥 둥지ground nest는

둥지 짓기가 쉽고 갯벌이 가까워 새끼 키우기가 수월한 장점이 있지만, 둥지 포식에는 매우 취약합니다. 그래서 생존을 위해 새끼들이 둥지에서 되도록 빨리 떠날 수밖에 없습니다. 이러한 점에서 외딴섬과 매립지의 집단 번식지에 장단점이 있기 마련입니다.

검은머리갈매기가 멸종위기에 처한 까닭은?

검은머리갈매기가 멸종위기에 처하게 된 이유는 급격하게 변화하고 있는 해안 갯벌-매립지 서식지와 관련이 큽니다. 검은머리갈매기의 주요 취식지(먹이를 얻는 곳)는 갯벌이며 주로 작은 게나 갯지렁이를 먹고 삽니다. 우리나라의 갯벌 가치는 세계적으로 유명하지만, 1970년대부터 대단위 갯벌 매립 사업(서산, 영종도, 새만금 등)이 진행되면서 다양한 갯벌 생물과 해양성 조류의 취식지가 사라졌습니다. 하지만 검은머리갈매기는 주로 풀이 없는 버려진 매립지에서 집단으로 둥지를 틀고 새끼를 키웁니다.

오래전부터 진행된 매립으로 우리나라의 갯벌은 그 면적이 많이 줄어들었을 뿐만 아니라 지금도 계속 매립되고 있습니다. 우리나라의 초기 갯벌 매립은 농업을 목적으로 시작되었지만, 현재는 거의 대부분 공단이나 도시를 조성하기 위해 매립합니다. 따라서 매립지에서 번식한다 해도 10년 이내에 공단이나 도시로 개발됩니다. 10년이라는 기간 동안 매립지의 토지가 안정화되기 때문이지요.

중국과 달리, 우리나라의 매립지는 육지의 도시생태계와 연결성이 좋다는 단점이 있습니다. 육상에서 넘어오는 포식자들이 검은머리갈매기 둥지의 알이나 새끼를 잡아먹습니다. 예를 들면, 집단 번식지에 까치 영명: Eurasian Magpie, 학명: *Pica pica* 와 너구리 영명: Racoon Dog, 학명: *Nyctereutes procyonoides* 등이 많이 관찰됩니다. 이러한 둥지 포식자들에게 검은머리갈매기의 집단 번식지는 풍부한 먹이터입니다. 게다가 검은머리갈매기의 자연 번식지에는 염생식물이 많습니다. 하지만 매립 후 토양에 짠물이 빠지면서 해안 식생 일정한 장소에 모여 사는 특유한 식물집단 인 염생식물이 사라지고, 대신 갈대를 포함한 각종 육상 식생들이 매립지를 덮습니다. 이제 더 이상 둥지 틀 곳이 없습니다.

바닥에서 집단 번식하는 조류는 포식자를 재빨리 알아채는 것이 무엇보다 중요한데, 갈대처럼 키가 큰 식생으로 덮인 매립지는 검은머리갈매기의 번식지로는 적당하지 않습니다. 이렇게 검은머리갈매기는 먹이를 위한 갯벌과 번식을 위한 매립지가 인간의 간섭으로 급격하게 사라지면서 살 수 있는 취식지와 번식지 모두가 위협받고 있는 실정입니다.

우리나라 검은머리갈매기는 서해안과 남해안 갯벌에 일 년 내내 관찰되고 있습니다. 조류학자들은 검은머리갈매기에게 '떠돌이새'라는 별명을 지어 주었는데, 집단 번식지를 계속 옮기기 때문입니다. 앞서 살펴보았듯, 검은머리갈매기의 번식지에서 발생할 수 있는 몇 가지 위협 요인에 주목할 필요가 있습니다.

약간의 염생식물이 서식하는 매립지는 집단 번식을 위한 기본조건인데, 중국의 번식지에서는 갯벌 매립지의 식생 변화, 즉 식물상_{특정 지역에 자라는 식물의 모든 종류}의 육상화가 가장 큰 문제라는 연구 결과가 많습니다. 하지만 국내 번식지를 8년간 연구한 결과, 갯벌 매립지 식생의 육상화보다 더 빨리 진행되는 위협 요인이 있습니다. 바로 도시에 인접한 매립지에서 들어오는 둥지 포식자들입니다. 우리나라에서 번식하는 검은머리갈매기는 둥지 포식자를 피하기 위해 바쁘게 이사를 다녀야 했던 것입니다. 물론, 둥지 포식자가 없었다면 한 장소에서 식생의 육상화나 매립지 개발이 시작되기 전까지 몇 년은 더 살 수 있었을 것입니다.

새로운 번식지에서 1~2년은 둥지 포식률이 약 20퍼센트이며, 다음 해 둥지 포식률은 약 80퍼센트를 육박하므로 새로운 장소를 찾아야 합니다. 어쩌면 검은머리갈매기는 남의 집을 살면서 기간이 되면 이사해야 할 사람들과도 같다고 할 수 있습니다.

현재 우리나라의 검은머리갈매기 주요 번식지로는 기존 인천 송도 매립지와 새만금 간척지가 있습니다. 매립지의 집단 번식으로 그 수를 정확히 파악하기는 힘들지만, 우리나라 번식 개체군의 크기는 약 1,400쌍_{2022년 기준}으로 추정하고 있습니다. 월동기인 겨울에 중국

검은머리갈매기의 둥지 포식 상태와 집단 번식 장소

너구리

까치

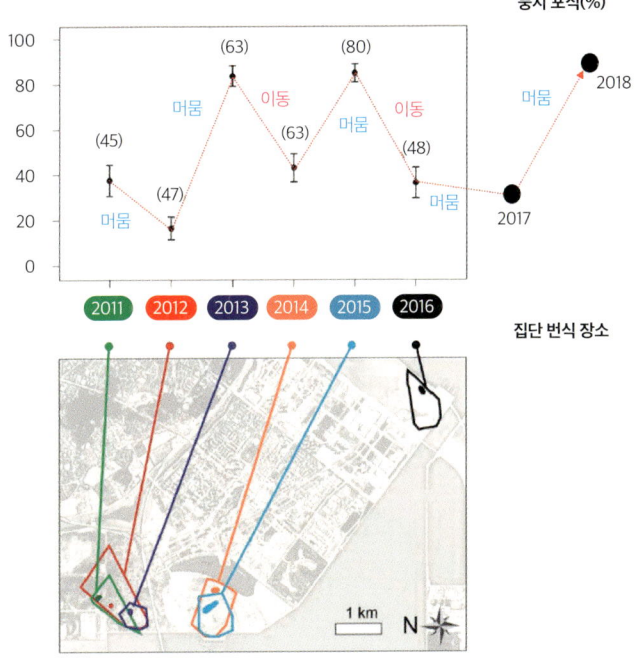

랴오닝성에서 번식한 뒤 내려오는 개체들까지 포함해 서해안과 남해안에서 약 3,000마리_{2020년 기준}가 관찰되고 있습니다. 겨울철에는 충남 서천, 전남 순천과 여수 등지의 갯벌에서 많은 개체들을 볼 수 있지요.

우리나라에서 번식하는 검은머리갈매기는 부분적으로 남해안에서 겨울을 보내기도 하지만, 일본까지 내려가 겨울을 보내는 개체들이 많이 관찰됩니다. 하지만 얼마나, 왜 바다 건너 일본에서 겨울을 보내는지는 밝혀지지 않았습니다. 일반적으로 갈매기류는 분포권이 넓으며, 비교적 불규칙한 철새 이동과 함께 다른 종에 비해 유전적 교류가 높은 것으로 알려졌습니다. 검은머리갈매기 분포권을 연구하는 학자들은 검은머리갈매기 철새 이동에 관한 연구를 계속하고 있으며, 이동 형태와 그에 따른 요인 등이 곧 밝혀질 예정입니다.

지속적인 교육과 토론으로
효율적인 서식지 보존이 필요한 때

국립생태원 멸종위기종복원센터는 멸종위기에 처한 검은머리갈매기의 보전을 위해 번식지 보전 연구에 몰두할 계획입니다. 우리나라에 정착한 검은머리갈매기 번식 개체군의 절멸이 우려되기 때문에 특히 매립지의 집단 번식지에서 너구리와 까치 등이 벌이는 대단위 둥지 포식에서 '선제적 보전 전략headstarting'이라는 방법으로 보호에 노력하고 있습니다. 이는 어미가 알을 낳고 품을 시기에 둥지 포식의 위험이 있을 때 선제적으로 알을 구조하여 인공으로 알을 부화시키고, 키운 새끼를 원래 서식지로 돌려보내는 방법입니다. 이러한 보전 전략은 현재 상황에서 단기적으로 대응하는 방법 가운데 하나입니다. 세계자연보전연맹IUCN 적색목록에 절멸 위급CR: Critically Endangered으로 분류된, 러시아에서 번식하는 넓적부리도요영명: Spoonbill Sandpiper, 학명: *Calidris pygmaea*에도 적용하고 있습니다.

검은머리갈매기의 번식지 특성을 고려할 때, 장기적으로 사용하고

새끼 측정과 가락지 부착

관리할 수 있는 서식지가 필요합니다. 서해안 갯벌에서 대단위로 추진되어 온 매립 사업의 결과로 일부는 개발이 되었지만, 여전히 많은 매립지가 관리되고 있지 않습니다. 이에 인공위성 사진으로 원격탐사remote sensing 기법으로 검은머리갈매기 과거 번식지 특성을 파악하여 장기적으로 대체 서식지를 발굴하고 관리할 수 있는 서식지 중심의 보전 전략이 필요합니다.

중국은 검은머리갈매기의 번식지를 발굴하고 관리하여 대단위로 집단 번식지를 조성하고 있습니다. 광범위한 갯벌 매립지의 잡초들을 뽑아내고 소규모 수로와 수문을 만들어 매립지와 밀물의 해수면 높이를 조절하고 있습니다. 중국에서는 이러한 방법으로 최근 성공적인 결과를 이끌어 내고 있습니다. 멸종위기종의 보전을 위해 우리나라도 이와 같이 멸종위기종의 서식지 보전 중심의 노력이 필요합니다.

인천 영종도와 송도 매립지 사업과 마찬가지로, 갯벌 매립으로 들어선 새만금 산업단지에도 검은머리갈매기와 쇠제비갈매기영명: Little Tern, 학명: *Sternula albifrons*의 집단 번식지가 형성되었습니다. 많은 해양성 조류가 새만금 지역에 집단 번식을 하고 있음에도 현재의 새만금 개발계획은 멸종위기 야생생물의 서식지 보전 대책이 상당히 미흡합니다.

인간의 필요에 따라 갯벌을 매립하는 것이 과연 정당할까? 이렇게 매립된 땅에 멸종위기 야생생물이 정착했을 때 우리는 그들을 당연히 보호해야 하지 않을까? 하지만 인간이 갯벌을 매립하지 않았다면 검은머리갈매기는 번식할 장소도 없는 건 아닐까? 이러한 질문들과 함께 많은 고민을 해야 할 필요가 있습니다.

어느 대학교 대학원 학위논문에서 흥미로운 내용을 찾아볼 수 있습니다. 논문에 따르면, 지난날 검은머리갈매기가 서식했던 장소에 현재 거주하는 학생들은 이 종에 관심도 없었습니다. 인간은 필요에 따라 매립과 같은 자연을 변형시킬 권리가 있고, 검은머리갈매기와 같은 멸종위기종은 여기가 아니더라도 인간의 간섭이 없는 새로운 곳으로 가서 생존할 수 있다고 생각하기도 했습니다. 우리의 다음 세대가 어른들과 같은 생각을 하고 있었던 셈이지요.

하지만 종-서식지 특성이나 서식지 보전의 필요성에 관한 지속적인 교육과 토론을 거친 뒤 학생들의 환경에 대한 인식이나 태도가 급격히 변화하는 것으로 나타났습니다. 그 어린 학생들이 꺼낸 카드는 바로 서로 양보하여 함께 살 수 있는 환경을 만들어 보자는 것이었습니다. 다음 세대의 환경에 대한 태도는 얼마든지 바뀔 수 있다는 가능성을 보여주었습니다.

이러한 내용들이 현재 서해안 갯벌-매립지 관리를 위한 환경정책이나 도시계획에 반영되어 검은머리갈매기와 같은 멸종위기종을 위한 효율적인 서식지 보전이 이루어졌으면 합니다.

04

우리나라 토종 텃새
낭비둘기

•••• 권인기, 강승구

세계자연보전연맹 적색목록 | **관심대상(LC)**

낭비둘기와 집비둘기는 어떻게 다를까?

낭비둘기영명: Hill pigeon, 학명: *Columba rupestris*는 비둘기목 Columbiformes 비둘기과Columbidae에 속하며 환경부에서 멸종위기 야생생물 II급으로 지정하여 보호하는 조류입니다. 세계적으로 투르크메니스탄, 우즈베키스탄, 타지키스탄, 키르기스스탄, 카자흐스탄, 티베트 동부, 인도, 네팔, 시베리아 중부와 동남부, 중국 북부와 쓰촨성 동부, 몽골, 한국 등에 분포합니다.

몸길이는 약 33센티미터, 몸무게는 약 250그램이며, 전체적으로 회색빛을 띱니다. 허리 쪽은 흰색이고, 날개에 검은색 띠가 두 줄 있습니다. 꼬리 끝은 검은색이며 위쪽으로 흰색의 넓은 띠가 있습니다. 날아갈 때 허리의 흰색 부분이 뚜렷하게 보이며, 홍채는 어두운 붉은색, 다리는 붉은색입니다. 부리는 검은색이며, 목에는 녹색과 보라색을 띠는 광택깃이 있습니다.

우리 주변에서 쉽게 볼 수 있는 집비둘기바위비둘기 *C. livia*의 개량종와 비슷하게 생겼지만 집비둘기가 개체별로 흰색, 검은색, 갈색 등 깃털이 다양한 색깔로 나타나는 반면, 낭비둘기는 모든 개체가 같은 색을 띠며 허리와 꼬리의 넓은 흰색 띠, 날개의 검은색 띠 두 줄이 특징이라 구별할 수 있습니다.

도심에 흔히 서식하는 집비둘기의 뚱뚱한 모습을 보고 닭둘기라고 부르기도 하는데 어원을 살펴보면 재미있는 부분이 있습니다. 비둘기 이름은 '빛이 나는 닭'이라는 뜻에서 비롯되었는데, 비둘기를 잘 살펴보면 형광빛이 나는 깃털이 있고 닭처럼 식용이 가능했기 때문에 붙인 것으로 생각됩니다. 이름은 '빛닭이 → 비달기 → 비둘기'라는 식으로 변형된 것으로 보입니다.

낭비둘기는 강 하구나 해안가의 낭떠러지나 굴에 산다고 해서 낭비둘기 외에 굴비둘기라고도 불립니다.

낭비둘기는 인공 구조물과 자연 지물에 둥지를 짓는데 인공 구조물은 사찰의 건물 틈, 구멍, 교각 밑 철판 등이며, 자연 지물은 해안가 절벽과 무인도의 바위틈, 굴, 구멍 등 타포니tafoni로 알려진 지형입니다.

암수가 함께 지푸라기를 모아 둥지를 만드는데 크기는 20~40센티미터입니다. 짝짓기를 하기 위한 구애 행동을 살펴볼까요? 수컷이 몸이 크게 보이도록 목 부분의 깃털을 부풀려 암컷의 관심을 끕니다. 이어서 반복적으로 조용한 소리를 내면서 암컷에게 다가갑니다. 이때 종종 암컷에게 인사를 하거나 몸을 빙빙 돌립니다. 수컷이 다가오면 암컷은 종종걸음으로 걷거나 날아서 달아나며, 수컷은 암컷이 멈출 때까지 따라갑니다. 마침내 암수가 서로 마주보며 인사를 한 뒤 제자리에서 반 바퀴 또는 한 바퀴씩 돌기를 반복합니다. 이후 수컷은 암

깃털을 부풀려 암컷의 관심을 끄는 수컷(왼쪽)의 구애 행동

컷에게 먹이를 주고 암컷의 등에 올라타 짝짓기를 합니다.

　구애와 짝짓기, 둥지 만들기 행동은 보통 15일가량 걸리며 이후에 알을 낳습니다. 낭비둘기는 보통 비둘기류와 마찬가지로 알을 2개 낳는데 간격은 1~2일입니다. 알은 긴지름 3.6센티미터, 짧은지름 2.7센티미터, 무게 12.6그램으로 메추리알보다 약간 작습니다. 알을 품는 기간은 평균 18일이며 대부분 하루 간격으로 부화를 합니다.

　알에서 갓 깨어난 새끼는 눈을 뜨지 못하고 3일 정도가 지나야 눈을 뜹니다. 몸에 깃털이 충분하지 않아 체온을 조절할 수 없기 때문에 부모의 보살핌이 필요한데, 이 기간이 짧게는 6일 길게는 14일까지 걸립니다.

낭비둘기는 새끼를 키우는 기간 동안 뇌하수체에서 분비되는 프로락틴prolactin이라는 호르몬의 작용으로 모이주머니에서 분비되는 비둘기 젖pigeon milk을 새끼에게 먹입니다. 포유

알에서 갓 깨어난 새끼 낭비둘기

류와는 달리 암수 모두가 비둘기 젖을 만들 수 있으며, 새끼들은 부모의 입 속으로 부리를 깊게 넣어 젖을 빨아먹습니다. 새끼의 성장에 따라 젖의 농도는 점점 짙어집니다. 새끼가 부화해서 둥지를 떠나기까지 약 40일이 걸립니다. 낭비둘기는 집비둘기와 마찬가지로 연중 번식할 수 있으며 자연 상태에서는 연 평균 2회 번식하는 것으로 알려졌습니다. 먹이가 풍부한 사육 상태에서는 3회 이상 번식을 하는 것으로 확인되었습니다.

낭비둘기는 우리나라 토종 텃새

낭비둘기는 계절에 따라 이동을 하지 않고 일정한 지역에서 번식을 하며, 겨울을 나면서 계속 살아가는 우리나라 토종 텃새입니다. 낮에는 농경지나 하천 인근에 풀씨, 떨어진 곡식 등의 식물성 먹이를 구하고 저녁이 되면 둥지로 돌아오기를 거듭합니다. 국립생

물자원관에서 수행한 행동권 연구 결과에 따르면, 전남 구례 지역에서는 약 12제곱킬로미터, 고흥 지역에서는 약 7제곱킬로미터로 계절에 따라 이동하는 철새보다는 행동반경이 넓지 않습니다.

낭비둘기의 전 세계 집단 규모는 밝혀지지 않았지만 몽골, 카자흐스탄 등 일부 지역에서는 감소하고 있는 것으로 보고되었고, 일부 지역에서는 아직도 흔한 종으로 알려져 있습니다. 따라서 전체적인 감소 경향이 파악되지 않아 세계자연보전연맹IUCN 적색목록에 관심대상LC으로 분류되어 있습니다.

우리나라에서는 지난날 경기도 파주 임진강 일대, 인천 백령도, 충북 속리산 법주사, 전남 구례군 화엄사, 전남 완도군 보길도·소안도·청산도·횡간도·자개도·여서도·금당도, 전남 여수시 연도, 경남 통영시 연화도 등 국지적으로 분포했다고 알려졌습니다. 1950년대 이전에는 고궁과 강 하구의 절벽에 많이 서식했다는 기록이 있어 국지적으로 흔한 새였을 것으로 추정됩니다.

국립생물자원관에서 수행한 전국 낭비둘기 정밀 분포 조사에서 구례에 최대 38개체, 고흥에 29개체 등 100개체 미만만 서식하는 것이 확인되었습니다. 이처럼 개체수 감소에 따른 멸종 위협에도 적절한 보호 조치와 관심을 받지 못하다가 2017년 멸종위기 야생생물 II급, 환경부의 「멸종위기 야생생물 보전 종합계획 2018~2027」에 우선 복원대상종으로 지정되어 현재 국립생태원 멸종위기종복원센터에서 보전 연구를 진행하고 있습니다.

잡종화 발생을 막는 최선의 방법을 모두가 고민할 때

낭비둘기는 왜 멸종위기에 처하게 되었을까요? 생물종이 멸종하게 되는 요인에는 서식지 파괴, 먹이원 부족, 생태적 지위가 비슷한 다른 종과의 경쟁, 인간 활동에 따른 영향, 기후변화 등 다양합니다. 이 가운데 낭비둘기가 멸종위기에 처한 요인은 첫째, 집비둘기와의 경쟁과 잡종화, 둘째, 재배 작물의 변화, 셋째, 인간과의 갈등을 생각해 볼 수 있습니다.

비둘기는 예부터 평화의 상징으로 여겨졌습니다. 구약성경 「창세기」에 홍수가 끝남을 알리기 위해 노아가 비둘기를 날려 보냈으며, 신약성경에는 성령이 비둘기의 형태로 내려오기도 했습니다. 또한 고대 그리스에서는 전쟁을 중단하고 열린 올림픽에서 경기에 우승한 선수들의 소식을 비둘기로 알렸다고 합니다. 근대에는 1920년 벨기에 앤트워프 올림픽에서 제1차 세계대전이 끝나고 평화가 왔음을 선언하며 비둘기를 날려 보내기도 했습니다.

집비둘기는 우리나라 토종 비둘기가 아니라 유럽 원산의 바위비둘기를 인위적으로 개량한 품종입니다. 먹성이 좋고, 번식력이 뛰어나 환경이 적절하면 그 수가 급격히 늘어납니다. 우리나라에서는 임진각에서 평화를 기원하며 수입한 집비둘기를 날려 보내는 행사를 수차례 했으며, 86' 아시안게임, 88' 서울올림픽 개막식에 각각 3,000 마리의 집비둘기를 날렸는데, 이때 그 비둘기들 중 한 마리가 성화대에 앉아 있다가 불에 타죽는 사건이 영상자료로 남아 아직도 사람들의 입에 오르내립니다. 또한 고교야구나 전국체전 등의 행사에서 집비둘기를 많이 날려 보낸 기록도 있습니다. 최근 들어 집비둘기를 날려 보내는 방사에 부정적인 측면이 많이 알려지면서 더 이상 직접 방사하지 않습니다. 2018년에 열린 평창 동계올림픽에서는 비둘기를 날려 보내는 대신 거대한 비둘기 형상의 조명이 전 세계인의 이목을 사로잡기도 했습니다.

대량으로 방사된 집비둘기들이 낭비둘기가 서식하는 지역에 정착하는 경우 집비둘기와 낭비둘기의 잡종화 현상이 발생해 수가 많은 집비둘기의 유전자가 낭비둘기 집단으로 퍼지고 맙니다. 결국 여러 세대를 거치면서 낭비둘기는 점차 순수성을 잃어 갑니다. 현재 경남 창녕군에는 낭비둘기, 집비둘기, 잡종낭비둘기X집비둘기 비둘기가 모두 관찰되어 이미 잡종화가 진행된 상태입니다. 순수한 낭비둘기 집단만 서식하는 것으로 알려진 전남 구례 지역에도 최근 소수의 집비둘기가 확인되어 잡종화 발생이 우려되고 있습니다.

섬 지역에 서식하는 낭비둘기 집단의 경우, 재배 작물의 변화와 재배 포기 등으로 인한 먹이원 감소가 생존에 영향을 미쳤을 가능성이

집비둘기가 포함된 잡종(낭비둘기X집비둘기) 집단(경남 창녕)

제기되고 있습니다. 곡류 중심의 재배에서 잎채소로 재배 식물이 바뀌면서 곡식의 낟알 등의 먹이원이 부족해진 것입니다.

전남 관매도의 사례를 보면, 과거에는 메밀 등 곡류를 주로 재배했지만 현재는 파·양파·쑥 등으로 바뀌었고, 관광이 활성화되면서 농사 대신 숙박업이 지역 주민의 주요 소득원이 되었다고 합니다. 전남 완도군의 일부 섬에는 주 생산품인 다시마를 말리는 장소가 해안가 자갈밭에서 내륙 경작지로 바뀌었습니다. 이에 따라 밭에 그물을 덮은 뒤 그 위에서 다시마를 말리기 때문에 낭비둘기가 먹이를 구할 수 있는 장소가 사라져 서식 조건이 악화된 것으로 추정됩니다.

집비둘기가 비위생적이라는 사람들의 인식으로 갈등이 벌어지기도 합니다. 실제로 집비둘기가 도심의 인공 구조물에 번식하면서 쌓이는 배설물로 시설이 훼손되거나 질병을 전파할 가능성에 대한 우려로 2009년 6월 유해야생동물로 지정하기도 했습니다. 일부 사람들은 번식을 못 하게 방해하거나 사냥 또는 알을 훼손하기도 했습니다. 문제는 집비둘기와 생김새가 비슷한 낭비둘기까지 피해를 입을 수 있다는 점입니다.

전남 구례 화엄사와 천은사는 문화재 보존과 멸종위기종 보전의 가치가 충돌하는 곳입니다. 화엄사는 13개, 천은사는 6개의 국가지정문화재를 비롯해 후대에 물려줄 소중한 문화유산이 많은 곳입니다. 이 가운데 전각 지붕이나 처마 틈에 낭비둘기가 번식을 하거나 쉬면서 배설하는 분변으로 문화재가 훼손되면서 서식을 못 하게 여러 가지 조치를 취한 것으로 보입니다.

하지만 우리나라에 100마리도 채 남지 않은 낭비둘기를 보호하려면 해당 문화재를 보존하면서 낭비둘기도 함께 살 수 있는 환경을 마련해야 한다는 의견도 있습니다. 그동안 국립공원공단과 '국립공원

생김새가 비슷한 낭비둘기(왼쪽)와 집비둘기(오른쪽)

건물 난간에 모여 있는 집비둘기

① 화엄사 각황전 현판 뒤로 날아드는 낭비둘기
②-④ 화엄사 전각 지붕과 처마 틈의 낭비둘기

우리나라 토종 텃새 낭비둘기

을 지키는 시민의 모임이하 국시모'은 문화재 보존을 위해 사찰에 있는 낭비둘기의 분변을 청소하는 한편, 그들의 현황과 생태에 관한 조사를 해왔습니다.

이러한 노력을 좀 더 확대하고 문화재 보존과 체계적인 종 보전이라는 목표를 이루기 위해 국립생태원, 지리산국립공원, 구례군청, 화엄사, 국시모의 모임이 함께 2019년 11월 '구례 화엄사 낭비둘기 공존 협의체'를 꾸렸습니다. 이후 정기적인 간담회를 열고 지식과 의견 공유, 시민이 함께 참여하는 낭비둘기의 번식 현황·서식지 이용·위협 요인 분석 등의 생태 연구, 낭비둘기 보호의 중요성을 알리는 생태 교육 프로그램 운영 등의 활동을 펼치고 있습니다. 또한 야생의 낭비둘기를 멸종위기종복원센터에 도입하여 번식시켜 수를 늘린 뒤 원래 서식지로 돌려보내 자연 상태의 개체군을 늘리기 위한 복원 연구도 진행 중에 있습니다. 우리나라 토종 새, 낭비둘기가 안전하게 잘 살 수 있도록 많은 이들의 관심이 필요할 때입니다.

05

만물이 겨울잠에서 깨어나는 절기를 알려주는

금개구리

···· 윤주덕

세계자연보전연맹 적색목록 | **취약(VU)**

수생태계와 육지생태계를 연결하는 양서류

　　양서류는 분류학적으로 동물계 척삭동물문 양서강에 속하며, 양서강은 무족영원목, 유미목, 무미목으로 나누어집니다. 극지방을 제외한 전 세계 모든 대륙에 서식하며, 현재까지 7,100여 종이 알려졌습니다. 양서류는 체온을 조절하는 능력이 없어 바깥 온도에 따라 몸의 온도가 달라지는 변온동물로 물과 육지를 오가며 생활합니다. 대부분 물속에서 체외수정으로 번식하며, 물속에서 태어난 유생은 변태 과정을 거쳐 육지에서 생활하는 특성을 보입니다. 허파가 있지만 그 기능이 충분하지 않아 피부호흡을 함께 하기 때문에 습한 환경을 선호하고 피부는 항상 축축한 상태를 유지합니다.

　　생태계 먹이사슬 중간에 있어 수생태계와 육지생태계의 에너지와 물질순환을 연결하는 다리라 할 수 있는 양서류의 생물학적 가치는 다음과 같습니다. 첫째, 생태계 필수 구성원, 둘째, 교육과 연구 및 의약품 개발을 위한 생물자원, 셋째, 환경·생태·관광산업의 활용 등이며, 미국은 연간 2500만 달러 규모의 시장이 형성되어 있습니다.

　　2018년 세계자연보전연맹IUCN의 적색목록에 따르면 멸종위기에 처해 있는 생물군 가운데 양서류는 멸종위기종의 40퍼센트를 차지하여 다른 분류군에 비해 멸종 위협이 가장 높은 것으로 나타나 보전이 시급한 것으로 파악되고 있습니다. 원인은 대부분 인간의 활동으로 벌어지는 기후변화, 서식지 교란과 파괴, 환경오염, 외래종 침입, 질병 확산 등입니다. 국내에 서식하는 양서류는 7과 19종이며, 이 가운데 수원청개구리 I급, 금개구리 II급, 맹꽁이 II급, 고리도롱뇽 II급 4종이 환경부 멸종위기 야생생물로 지정되어 보호받고 있는 상황입니다.

금개구리 형태와 생태 특징

금개구리의 학명은 *Pelophylax chosenicus* Okada, 1931로 참개구리 *Pelophylax nigromaculatus*와 형태 및 서식 환경이 비슷해 참개구리의 아종으로 다루었지만, 등 융기선의 차이가 뚜렷해 독립된 종으로 기재되었습니다. 참개구리는 눈 뒤에서 등 쪽까지 융기선이 3줄로, 금색 융기선이 2줄로 뚜렷한 금개구리와 쉽게 구별됩니다. 이후 다양한 연구를 통해 형태뿐만 아니라 유전자, 구애 음성과 번식기 등이 뚜렷하게 차이가 있는 것으로 확인되었습니다. 1989년 특정야생동식물로 지정되었으며, 2012년 환경부 멸종위기 야생생물 II급으로 지정되어 보호받고 있습니다.

금개구리는 인천광역시, 경기, 충북, 충남, 전북 등 우리나라 서부와 전라북도 일부 지역에 서식하고 있으며, 주로 저지대의 농경지, 습

ⓒ 이정현

금색 2줄 융기선이 뚜렷한 금개구리

지, 저수지의 물풀이 무성한 곳에서 관찰됩니다. 몸길이는 4~6센티미터, 등 쪽은 녹색과 암녹색 또는 암갈색으로 주변 환경에 따라 몸색이 다양하게 바뀌며, 배는 대부분 황색 또는 금색입니다. 수컷은 턱 아래 울음주머니가 한 쌍 있지만 크기가 아주 작아 쉽게 눈에 띄지 않고, 암컷은 수컷보다 몸집이 2~3배 더 큽니다.

  4월에 겨울잠동면에서 깨어나 5월부터 7월까지 서식했던 장소에서 그대로 번식하며, 암컷 한 마리가 시간을 두고 여러 번에 걸쳐 알을 600~1,000개 낳습니다. 주로 수면에서 쉽게 마주치는 곤충류를 잡아먹고, 가끔 송사리나 개구리류도 먹습니다. 기온이 낮아지는 10월부터 논두렁이나 수로 주변 땅속을 파고들어 겨울잠에 들어갑니다.

시야가 좁고 행동이 굼떠서 포식자에게 쉽게 잡히다 보니 '멍텅구리'라는 별명이 있습니다.

금개구리가 서식하는 지역이 인간이 활동하는 지역과 겹치면서 여러 요인에 따라 서식지와 개체군이 줄어들고 있습니다. 예를 들면, 주 서식지인 논경지 주변이 농약에 노출되어 있고, 저지대 농경지 개발에 따라 서식지 파괴와 훼손으로 개체군 수가 감소하고 있습니다. 또한 도로 건설, 수질 오염, 외래종인 황소개구리의 포식 등도 감소 요인으로 작용합니다.

유전적인 측면에서도 유전 다양성이 높지 않아 개체군 유지에 어려움이 지속적으로 발생하고 있습니다. 금개구리가 우리나라에서 안정적으로 살아갈 수 있도록 개체수를 보전하기 위해 멸종위기종복원센터에서는 금개구리의 증식·복원, 생태 연구를 진행하고 있습니다. 2019년에 1차로 증식된 개체들을 서천 국립생태원에 방사하여 정착 연구를 계속하고 있습니다.

금개구리 발생

금개구리 알을 발생 단계에 따라 현미경으로 사진을 찍어 관찰하면 다음과 같이 나타납니다. 멸종위기종복원센터에서는 수온 섭씨 26도에서 알을 부화시켰으며, 수정 단계에서부터 아가미뚜껑이 완성되는 데까지 약 175시간 정도 걸리는 것으로 관찰되었습니다.

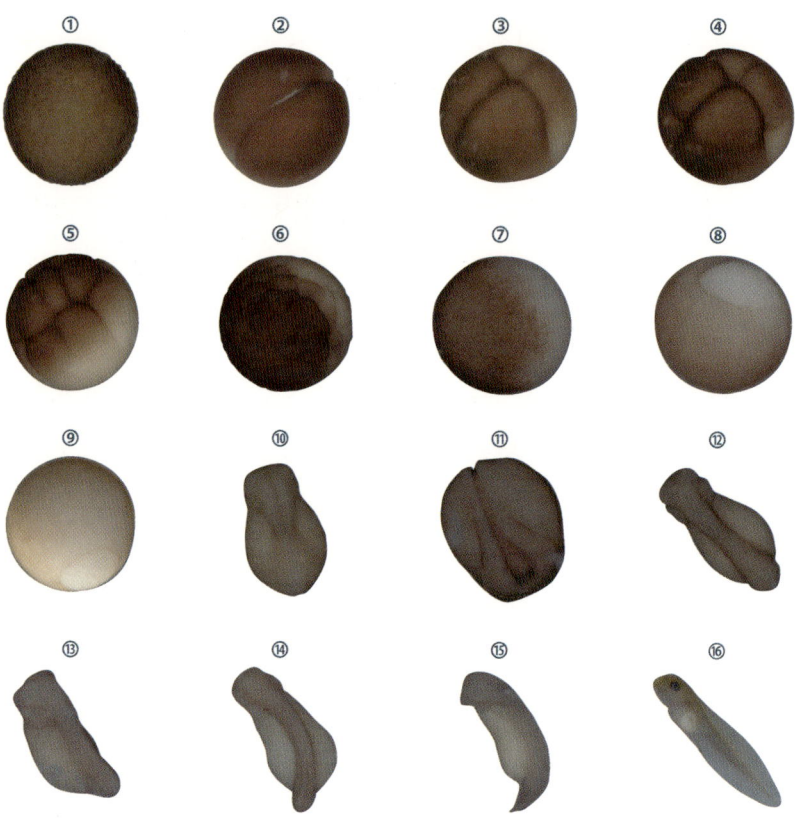

순서	발생 단계	발생 소요시간 (26℃)	순서	발생 단계	발생 소요시간 (26℃)
1	회색 신월환	30분	9	중·후기 낭배기	12.5시간
2	2세포	2시간	10	신경판 형성	18.5시간
3	4세포	2.5시간	11	신경습	23시간
4	8세포	3시간	12	신경관	28시간
5	16세포	3.5시간	13	꼬리 생성기	31시간
6	상실기	5시간	14	근육 반응	33.5시간
7	포배기	6시간	15	아가미 순환	55시간
8	낭배기	8시간	16	입이 열리는 단계	95시간

금개구리의 이동거리와 행동권

　　금개구리가 끊임없이 절멸 위협을 받는 이유에는 금개구리의 행동적인 특성이 주요한 역할을 하는 것으로 생각됩니다. 우리나라에서 이루어진 금개구리의 이동 연구 결과를 보면, 금개구리가 이동하는 거리는 상당히 짧은 것을 알 수 있습니다. 대부분 시기에 10미터 내외의 거리를 이동하는 만큼 평소에 거의 이동하지 않는 것으로 확인되었고, 이는 매일매일 거의 같은 장소에 머물고 있는 셈입니다.

금개구리 이동 거리와 행동권

		이동 거리(m) / 1일	행동권(㎡)***
시기별	번식기*	15.2±8.4**	1258.2±2529.3
	비번식기	10.4±4.9	322.0±357.5
	늦은 가을	5.3±3.7	450.9±689.1
성별	수컷	9.5±8.0	1057.5±2577.4
	암컷	10.0±7.2	519.5±614.7
평균		9.8±7.4	713.8±1607.4
최대		240.5	-

* 번식기: 7월 10일~18일, 비번식기(8월 31일~9월 8일), 늦은 가을(10월 17일~11월 4일)
** 평균±표준편차
*** 행동권 분석: adaptive kernel method (95%)

1. Ra, N. Y., Sung, H. C., Cheong, S., Lee, J. H., Eom, J., Park, D. 2008. Habitat use and home range of the endangered gold-spotted pond frog (Rana chosenica). Zoological science, 25(9): 894-904.
2. 박수곤, 라남용, 윤주덕, 장민호. 2018. 금개구리 (Pelophylax chosenicus) 최대 이동거리에 관한 보고. 한국양서·파충류학회지 9(1): 12-16.

ⓒ 이정현

거의 매일 같은 장소에 머무는 금개구리

앞서 말했듯이 금개구리의 서식지는 인간이 활동하는 지역과 상당히 겹칩니다. 인간이 농업 활동을 위해 농약을 뿌려도, 개발을 위해 서식지를 훼손해도 멀리 이동하지 못하기 때문에 그 영향을 거의 고스란히 받습니다. 이 정도면 앞으로 곧 멸종위기 야생생물 I급으로 높여 조절될 날도 머지않았습니다. 이런 '멍텅구리' 같은 금개구리의 보전이 시급한 이유입니다.

우리와 함께한 개구리 그리고 문화와 과학적 가치

금개구리를 포함한 개구리는 예부터 우리에게 매우 친숙한 존재로, 문화적으로도 과학적으로도 존재감을 보입니다. 우리가 알고 있는 24절기 중 경칩이라 하면 모두 개구리를 떠올릴 것입니다. 사실 경칩은 개구리뿐만 아니라 모든 동물들과 관련되었지만 아마도 과학적인 측면과 풍습이 복합적으로 영향을 주다 보니 대표로 개구리가 된 것 같습니다.

양서류인 개구리는 대단히 온도에 민감한 동물이라 겨울잠에서 깨어나 활동하고 알을 낳는 것으로, 앞으로의 기후와 온도를 대략적으로 추측할 수 있는 척도가 되었습니다. 따라서 기상 예측 장비가 없던 시절에는 중요한 관측 척도로 활용되었지요. 조선 중기의 학자 이수광李睟光이 편찬한 『지봉유설芝峰類說』에 따르면, 경칩 때 개구리 울음소리를 듣고 한 해의 기후를 점쳤다고 합니다. 경칩에 개구리 울음소리를 서서 들으면 그해 일이 많아 바쁘고, 누워서 들으면 편안히 농사를 잘 지을 수 있다는 이야기도 있습니다. 이 이야기는 날이 빨리 풀려 논밭에서 일하다 개구리 울음소리를 들으면 그해 농사가 바빠지고, 날이 풀리지 않아 논밭에 나가지 않고 집에 있다가 개구리 울음소리를 들으면 그해 농사가 잘될 것이라는 의미입니다.

실제로 경칩에 알을 낳는 개구리는 산개구리로 불리는 북방산개구리, 계곡산개구리, 한국산개구리 등 일부로, 이 개구리들은 주로 경칩 이전인 2월 중순부터 알을 낳지만 다른 개구리들, 예를 들어 지금 멸종위기종복원센터에 있는 멸종위기종인 금개구리나 우리가 잘 알고 있는 참개구리 등은 주로 4월 이후에 산란을 합니다. 따라서 경칩에 모든 개구리들이 알을 낳는 것이 아니라는 것을 알아두기 바랍니다.

개구리와 관련된 문화 중에 아직까지 남아 있는 독특한 문화가 있습니다. 건강을 위해 개구리 알을 먹는 풍습인데, 경칩 즈음해서 깨어난 개구리들이 번식기를 맞아 연못이나 논처럼 물이 고여 있는 곳에 알을 낳습니다. 예부터 우리 조상들은 이 개구리 알을 먹으면 허리 아픈 데 좋을 뿐 아니라 몸을 보한다고 해서 경칩일에 개구리 알을 먹었다고 합니다. 지방에 따라서는 도롱뇽 알을 같은 의미로 건져 먹기도 했습니다. 물론 지금은 이런 풍습이 거의 사라졌지만, 아직도 알을 먹는 분들이 있다고는 합니다. 하지만 개구리 알이 실제로 얼마나 건강에 도움이 되는지에 대한 과학적 근거가 없고, 지금은 다른 먹을거리가 많기 때문에 이런 풍습은 개구리 보호를 위해서도 당장 멈추어야 할 행동으로 생각됩니다.

금개구리의 미래(양서류의 미래)

에콰도르의 파충류 학자인 루이스 콜로마Luis Coloma는 "개구리와 두꺼비의 멸종 속도가 지구상에서 갑자기 사라진 공룡과 같다"라고 경고했습니다. 이는 그만큼 빠른 속도로 양서류의 멸종이 벌어지고 있다는 뜻이며, 그 원인은 인간의 활동입니다.

자연은 서로 깊이 관련되어 있어 한 생물의 멸종은 연쇄적으로 다른 생물의 멸종을 일으키며, 생태계 구성에서 먹이사슬의 중간 단계에 있는 양서류는 생태계 안정성을 위해 매우 중요한 분류군입니다. 양서류의 멸종은 생태계의 먹이사슬의 파괴를 의미하고, 최종적으로는 인간에게도 영향을 줍니다. 결국 우리 인간들은 자연 환경을 훼손하면서 스스로에게 위협을 가하고 있는 셈입니다.

개구리는 우리 삶과 문화 속에도 깊숙이 자리한 동물입니다. 전래동화「말 안 듣는 청개구리」에 등장하고, 중년 세대가 어린 시절에 즐겨 본 TV 만화영화 '개구리 왕눈이'에서부터 2000년대의 '케로로 중사'에 이르기까지 동화, 만화영화 등 다양한 소재로 애용되고 있습니다. 이처럼 개구리는 우리와 아주 친숙하지만 이들을 방치한다면 머지않은 미래에 개구리 소리를 듣지 못할 수도 있습니다. 금개구리를 포함한 많은 양서류가 우리와 함께 살아갈 수 있는 환경을 만들도록 노력해야겠습니다.

06

다양한 번식 전략을 펼치는
물고기들

•••• 윤주덕

가시고기와 감돌고기 그리고 물고기의 자식 사랑

기억력이 3초라고 놀림을 받는 물고기들도 자식 사랑을 할까요? 과연 자기 자식을 기억할 수 있을까요? 사실 이러한 질문은 물고기가 듣는다면 기분 나쁠 수도 있을 것입니다. 당연히 물고기도 자식 사랑을 하기 때문입니다. 물론 우리가 일반적으로 생각하는 자식 사랑과는 조금 차이가 있겠지요.

물고기는 사람과는 달라서 가족이 평생 함께하지 않고 알에서 깨어남과 동시에 각자가 뿔뿔이 흩어져 살아가기 때문에 물고기의 자식 사랑은 대부분 새끼가 알에서 깨어나 흩어지기 전까지 집중됩니다. 그리고 물고기는 부성애로 유명한데, 가시고기가 대표적 상징입니다. 가시고기의 부성애를 소재로 소설 『가시고기』가 2000년에 출판되어 베스트셀러에 오르기도 했습니다.

등지느러미 앞부분에 예리한 가시가 삐죽삐죽 나 있어 '가시고기'로 불리는 이 물고기의 학명은 *Pungitius sinensis* Guichenot, 1869로 라틴어 Pungitius는 '가시'를 의미합니다. 북방계 어종으로 우리나라에서는 주로 동해안으로 흐르는 하천에 서식하는 멸종위기 야생생물 II급 종입니다. 개체수와 분포 지역 감소로 1996년 특정야생동식물로 지정되었고, 2012는 환경부 멸종위기 야생생물 II급으로 지정되어 보호받고 있습니다.

몸길이는 5~6센티미터로 가늘고 길며, 등지느러미에는 가시가 7~10개 있습니다. 일생을 민물에서 보내고, 하천 중·하류의 흐름이 느리고 물풀이 많은 지역에 서식합니다. 여러 마리가 모여 사는 것으로 알려졌으며, 먹이는 주로 깔따구 유충, 실지렁이 등 수생생물입니다. 수질 오염, 강바닥하상 공사, 하천 개발 등에 따라 서식지가 급격하게 줄어들고 있습니다.

가시고기가 부성애의 상징이 된 이유는 특이한 산란 습성 때문인데, 이 친구들은 3, 4월 산란기가 되면 얕은 강가로 이동하여 산란을 준비합니다. 이때 산란장을 만드는 것부터 수컷의 몫입니다. 산란의 모든 준비를 수컷이 혼자 합니다. 가시고기 수컷이 물풀 줄기와 잎으로 집을 만들어 완성하고 나면, 암컷이 다가와 알을 낳은 뒤 둥지에서 벗어나 곧 죽습니다.

혼자 남은 수컷은 알이 부화할 때까지 주둥이로 알에 묻은 불순물을 떼어내고, 가슴지느러미를 흔들어 깨끗한 물을 공급하면서 돌봅니다. 새끼들이 깨어나 둥지를 떠날 즈음이면 수컷은 생을 마감합니다. 새끼들을 위해 최선을 다하고 생을 마감하는 이런 산란 습성으로 가시고기는 부성애의 상징이 되었습니다.

가시고기 이외에도 알을 지극정성으로 돌보는 물고기가 몇몇 더

가시고기의 산란

1. 물풀 줄기와 잎으로 산란장을 마련하는 수컷

2. 암컷에 구애 행동을 하는 수컷

3. 둥지에 산란을 하는 암컷

4. 정자를 뿜어내 수정된 알들이 부화할 때까지 지극정성으로 돌보는 수컷

그림 ⓒ 김혜경

있습니다. 가시고기가 워낙 유명하다 보니 상대적으로 덜 알려졌는데 꺽지나 동사리 같은 물고기도 부성애라면 뒤지지 않습니다. 꺽지와 동사리 둘 다 산란 특성이 비슷해 대표로 꺽지의 산란을 소개하겠습니다. 꺽지는 5월 하순부터 7월 상순경, 수온이 섭씨 18~28도에 이르렀을 때 산란을 합니다. 이때가 되면 수컷 꺽지는 은신하기 좋은 적당한 돌이나 바위를 골라 암컷을 기다리고, 암컷이 와서 바위나 돌 표면에 약 400~500개에 이르는 알을 낳으면 수컷은 그 위에 수정을 하고 보호하기 시작합니다.

수컷은 다른 수컷이나 알을 노리는 다른 물고기가 접근하면 목숨을 걸고 싸워서 알들을 지켜냅니다. 알이 부화할 때까지 수컷은 거의 먹지도 않은 상태에서 알을 돌봅니다. 수시로 지느러미를 움직여 알에 끼이는 먼지나 청태를 제거해 주고 죽은 알은 곧바로 떼어내 다른 알들이 죽는 것을 방지합니다. 동사리도 이와 비슷한 산란 행동을 보이는데, 두 물고기 모두 자손을 위해 엄청난 노력을 합니다.

탁란으로 자손을 잇는 돌고기류

반면, 남에게 자기 알을 키우게 하는 물고기도 있습니다. 뻐꾸기처럼 남의 산란장에 알을 낳는 탁란brood parasite을 하여 다른 물고기에게 자기 알을 맡깁니다. 탁란이란 뻐꾸기, 두견이와 같은 새들이 자기 둥지가 아닌 다른 새의 둥지에 알을 낳아 다른 새에게 자기 새끼를 키우게 하는 것을 뜻합니다. 예를 들면 암적색 알을 두견이는 자기 알과 비슷한 색의 알을 낳는 휘파람새의 둥지에 알을 낳아 휘파람새가 키우게 합니다. 이런 방식으로 두견이는 알을 돌보는 데 소모되는 에너지를 절약합니다. 며칠 후 부화 시기가 빨라 먼저 태어난 두견이 새끼는 뒤늦게 태어난 휘파람새의 새끼를 밀어내고 둥지를 독점해 어미 휘파람새가 물어오는 먹이를 독차지합니다.

물고기 가운데 탁란을 하는 대표적인 물고기는 이름에 '돌고기'라는 낱말이 들어간 물고기들입니다. 멸종위기종인 '감돌고기', '가는돌고기' 그리고 '돌고기'이지요.

감돌고기

감돌고기의 학명은 *Pseudopungtungia nigra* Mori, 1935로, 1996년 특정야생동식물로 지정된 이후 2012년 환경부 멸종위기 야

감돌고기

생생물 I급으로 지정되어 보호받고 있습니다. 금강 중·상류 수계와 만경강에 분포하며 깔따구 유충 등 수서곤충을 주로 먹습니다. 몸길이는 7~10센티미터에 몸 형태는 길고 약간 납작합니다. 4~6월에 산란하는데 꺽지의 산란장에 탁란하는 습성이 있습니다. 수질 오염과 하천 공사, 보와 댐 건설로 서식지와 개체수가 급격하게 줄어들고 있어 보호가 시급한 물고기입니다.

가는돌고기

가는돌고기의 학명은 *Pseudopungtungia tenuicorpa* Jeon and Choi, 1980로, 2012년 환경부 멸종위기 야생생물 II급으로 지정되어 보호받고 있는 물고기입니다. 한강과 임진강 중·상류 지역에 서식하며, 대체로 암반이나 큰 돌이 많은 곳을 좋아합니다. 주 먹이는 깔따구 유충 등 수서곤충입니다. 몸길이는 8~10센티미터, 몸 형태는 길고 약간 납작한 모양이면서 감돌고기와 돌고기보다 더 날렵합니다. 5~7월에 산란하며 꺽지의 산란장에 탁란하는 습성

가는돌고기(위)와 돌고기(아래) ⓒ 윤주덕

이 있습니다. 수질 오염과 하천 공사, 보와 댐 건설로 서식지와 개체수가 급격하게 줄어들고 있어 보호가 시급한 물고기입니다.

물고기는 종족의 안정적 번식과 생존에 관한 대단한 전략가

이 돌고기류에 포함된 어류는 앞서 이야기한 부성애의 대표 물고기인 꺽지와 동사리의 산란장에 알을 낳고 빠져나옵니다. 지극정성으로 알을 돌보는 꺽지와 동사리의 습성을 잘 활용하는 셈이지요. 이렇게 부모가 아닌 다른 물고기들에게 최고의 돌봄을 받은 돌고기들의 알은 꺽지나 동사리의 알보다 부화도 빨라 잡아먹히지 않고 재빨리 산란장을 빠져나옵니다. 꺽지와 동사리는 돌고기를 잡아먹는 포식자이지만, 돌고기들은 잡아먹힐 위험을 감수하는 목숨을 건 행동을 보입니다.

이런 행동들에는 모두 특별한 의미가 있습니다. 다른 생물의 둥지나 산란장에 알을 낳는 돌고기나 뻐꾸기는 결코 게으르거나 나쁜 생물이 아닙니다. 이러한 모든 행동은 생태학적으로 종족의 안정적인 번식과 생존을 위한 엄청난 전략이기 때문입니다.

더 많은 자손을 유지하기 위해 알을 열심히 관리하는 가시고기, 꺽지, 동사리가 있는가 하면, 자신을 잡아먹는 포식자의 산란장에 숨어

꺽지의 산란장에 탁란하는 감돌고기

1. 숨기 좋은 돌이나 바위를 골라 암컷을 기다리는 수컷 꺽지

2. 바위 표면에 알을 낳고 수정하는 암컷 꺽지와 수컷

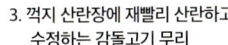

3. 꺽지 산란장에 재빨리 산란하고 수정하는 감돌고기 무리

4. 감돌고기 알들과 함께 자기 알들을 정성껏 돌보는 수컷 꺽지

그림 ⓒ 김혜경

들어가 탁란하는 돌고기도 자손의 안정적인 번영을 바라기는 마찬가지입니다. 물고기는 멍청함에 자주 비유되는 생물이지만, 이런 생물도 자신의 생존을 위해 그만큼 다양한 전략이 있으며, 결코 멍청하지 않다는 것을 알아야 합니다.

07
아름다운 납자루아과 어류와 물고기들의 다양한
산란
•••• 윤주덕

묵납자루
멸종위기 야생생물 II급

아름다운 납자루아과 물고기

　　물속에 사는 물고기는 그 아름다움을 사람들에게 뽐내지 못하는 아쉬운 생물입니다. 최근 들어 많은 사람들이 관상 목적으로 물고기를 키우고, 심지어 물고기를 판매하는 대형 마트도 있습니다. 하지만 안타깝게 거의 대부분 외국에서 들여온 관상 어종으로 우리나라 하천에 사는 물고기는 없습니다. 우리나라 물고기임에도 우리나라 수족관에서 찾아볼 수 없는 차별 대우를 받고 있습니다. 물고기를 아는 사람들이 손꼽는 무척 아름다운 물고기가 우리나라에 살고 있습니다. 바로 잉어목 잉어과 납자루아과Acheilognathinae의 어류입니다.

　우리나라 납자루아과 어류는 멸종위기 야생생물로 지정된 묵납자루, 임실납자루, 큰줄납자루, 한강납줄개 4종을 포함한 총 15종이며, 각시붕어가 아마도 가장 유명할 것으로 생각됩니다. 납자루아과 물고기들의 생김새는 대부분 비슷합니다. 종마다 조금씩 차이는 있지만 몸길이는 10센티미터 내외, 몸은 옆으로 납작하고 몸높이체고가 높습니다. 그래서 앞에서 보면 아래위로 길쭉한 직사각형이고, 옆에서 보면 옆으로 길쭉한 마름모나 타원형입니다.

　납자루아과의 어류는 몸 무늬, 영롱하고 화려한 몸 색 등으로 그 아

각시붕어(위), 떡납줄갱이(가운데), 칼납자루(아래) ⓒ 윤주덕

름다움을 알아보는 사람들이 저마다 키우고 싶어 하는 물고기입니다. 우리나라뿐만 아니라 외국에서도 관상어로 관심이 매우 높습니다.

멸종위기 납자루아과 물고기들

납자루아과의 아름다운 물고기들 가운데 환경부 지정 멸종위기 야생생물은 4종으로, 임실납자루는 멸종위기 야생생물 I급, 나머지 3종은 멸종위기 야생생물 II급으로 지정되어 보호받고 있습니다. 몸 색깔이 검은▩빛을 띠며 영롱한 아름다움을 자랑하는 묵납자루, 우리나라 임실과 그 일대에만 서식하는 임실납자루, 납자루아과 물고기들 가운데 중 가장 크고 아름다운 큰줄납자루, 몸 옆에 아름다운 청색 띠가 있는 한강납줄개, 이렇게 우리가 보호해야 할 4종의 특성은 다음과 같습니다.

 임실납자루

임실납자루는 납자루아과의 물고기 가운데 유일하게 멸종위기 야생생물 I급 종으로 지정되어 보호받고 있습니다. 학명은 *Acheilognathus somjinensis* Kim and Kim, 1991 입니다. 우리나라 임실에서 발견된 새로운 종으로 섬진강에서만 제한적으로 분포합니다. 칼납자루와 같이 살지만 좀 더 느린 지역의 물풀이 많은 곳에서 발견됩니다. 1996년 특정야생동식물로 지정되었으며, 2012년 환경부 멸종위기 야생생물 I급으로 지정되었습니다. 여느 납자루아과와 마찬가지로 조개의 몸에 산란하고 수질 오염과 서식지 파괴로 개체수가 감소하고 있는 상황입니다.

임실납자루의 몸길이는 5~6센티미터 정도이며 몸 형태는 납자루아과의 여느 물고기와 유사합니다. 물풀이 많고 바닥이 편평한 진흙인 지역에 주로 서식합니다. 5~6월에 알을 낳는 것으로 추정되는데 조개류의 몸속에 한 번에 10~30개 정도의 알을 낳습니다. 우리나라의 섬진강 수계 임실군 일대에서만 확인되어 임실납자루로 이름을 붙였으며, 수질 오염이나 하천 개발, 산란 장소인 조개 감소로 지속적으로 생존을 위협받고 있습니다.

묵납자루

묵납자루의 학명은 *Acheilognathus signifer* Berg, 1907로 금강과 낙동강에 살고 있는 칼납자루*Acheilognathus koreensis*와 모양이 유사합니다. 우리나라 고유종으로 한강에서 압록강까지 서해로 흐르는 하천에 서식합니다. 잡식성으로 부착 조류나 수서곤충을 주로 먹으며, 산란기가 되면 조개의 몸속에 알을 낳습니다. 1996년 특정야생동식물로 지정되었으며, 2012년 환경부 멸종위기 야생생물 II급으로 지정되어 보호받고 있습니다.

묵납자루

묵납자루의 몸길이는 6~8센티미터 정도, 몸 형태는 여느 납자루아과의 물고기와 유사합니다. 하천의 중·상류, 물 흐름이 완만하고 큰 돌과 자갈이 많은 지역을 선호합니다.

4~5월에 조개류 곳체두드럭조개, 작은말조개 등의 몸속으로 한 번에 50개 정도의 알을 낳습니다. 한강 수계에 서식하고 있으며, 북한에도 살고 있는 것으로 알려졌습니다. 수질 오염이나 하천 개발과 같은 서식지 파괴, 산란처인 조개 감소로 지속적으로 생존을 위협받고 있으며, 몸 색이 아름다워 관상어로 상업적 가치가 높아 불법으로 묵납자루를 포획하는 경우도 늘어나고 있습니다.

 큰줄납자루

큰줄납자루는 납자루아과 가운데 가장 최근인 2017년 환경부 멸종위기 야생생물 II급으로 지정되었습니다. 납자루아과 물고기 중에서 가장 크며 학명은 *Acheilognathus majusculus* Kim and Yang, 1998로 섬진강과 낙동강 수계에만 서식하는 고유종입니다. 지난날에는 줄납자루로 분류되었지만 지금은 큰줄납자루라는 새로운 종으로 구분됩니다. 물 흐름이 있는 지역을 좋아하며, 다른 납자루아과와 마찬가지로 조개 몸속에 알을 낳습니다.

큰줄납자루의 몸길이는 9~11센티미터 정도, 몸 형태는 납자루아과의 물고기 중 가장 날렵합니다. 줄납자루와 비슷하지만 큰줄납자루는 수심이 약간 깊고1미터 내외, 큰 돌이 깔려 있는 흐르는 곳의 바닥 가까이에 삽니다. 먹이는 대부분이 수서곤충의 유충입니다. 한국 고유종으로 섬진강의 모든 수역과 낙동강 일부 수역에 살고 있습니다. 낙동강에서 줄납자루와 함께 서식하지만 섬진강에는 줄납자루가 분포하지 않습니다. 수질 오염이나 하천 개발과 같은 서식지 파괴, 산란처인 조개 감소로 지속적으로 생존을 위협받고 있습니다.

큰줄납자루

 **한강납줄개**

한강납줄개는 멸종위기 야생생물 II급으로 우리나라 고유종입니다. 학명은 *Rhodeus pseudosericeus Arai* Jeon and Ueda, 2001로 2012년 환경부 멸종위기종으로 지정되었습니다. 한강 수계인 남한강 일부와 충남 예산과 보령 등에서만 발견됩니다. 몸 옆면 비늘의 검은색이 동양적인 느낌을 자아내며, 푸른색 띠가 꼬리지느러미까지 이어져 있습니다.

몸길이는 5~7센티미터 정도이며 하천 중·상류의 강바닥, 돌이나 자갈로 이루어진 흐름이 느린 곳을 좋아합니다. 수서곤충, 부착 조류를 먹는 잡식성 물고기로 조개의 몸속에 알을 낳습니다. 우리나라 고유종으로 한강 수계의 강원도 횡성, 경기도 양평과 가평 등과 서해로 흐르는 보령 등에 서식합니다. 수질 오염과 환경 훼손, 하천의 강바닥

김병직, ⓒ 국립생물자원관

한강납줄개

구조 교란, 산란처인 조개가 줄어들면서 절멸 위험에 처해 있습니다. 일부 몰지각한 사람들이 관상어로 포획하기도 해 전반적으로 보호에 관심을 가져야 하는 물고기입니다.

최고의 효과를 노리는 물고기의 산란 방식

물고기가 알을 낳는 것을 본 적이 있나요? 아마 집에서 물고기를 키운다면 그 모습을 볼 수 있겠지만 대부분 접하지 못했을 것입니다. 물고기가 물이라는 특별한 환경에서 살아가는 생물이라 우리 눈에 잘 띄지 않다 보니 다른 생물들에 비해 상대적으로 정보가 부족합니다.

물고기가 하루에 물속에서 얼마나 이동하는지, 어디로 가는지 어디에 알을 낳는지 그리고 어떤 짝을 선택하는지 등 정말 많은 생태적인 부분이 베일에 싸여 있습니다. 물고기의 산란도 마찬가지입니다. 사람들이 보기에 물고기가 알을 낳는 것은 그들 삶의 일부분이라고 여길 수도 있을 것입니다. 실제로 물고기들은 자신의 종족 번식을 위해 생태 특성과 서식 환경을 고려하여 최고의 효과를 얻을 수 있는 산란 방식을 선택하는 최고의 '전략가'입니다.

물고기는 종에 따라 다양한 산란 전략을 펼치고 있습니다. 특별한 산란 전략을 펼치는 물고기들이 많이 있는데 그중 조개 몸속에 알을 낳는 납자루아과 물고기의 산란 특성을 비롯하여, 산란탑을 쌓는 어름치, 거품집을 만드는 버들붕어 등 몇몇 산란 전략을 살펴보기로 합니다.

먼저 물고기의 짝짓기를 살펴보면, 물고기도 다른 동물들과 마찬가지로 마음에 드는 배우자가 나타날 때까지 이리저리 재어 보는 행동을 합니다. TV에서 많이 보았듯이 대부분 동물들은 마음에 드는 배우자를 만나기 위해 외형적으로 변화를 주고, 춤을 추는 것과 같은 뽐내는 행동으로 수많은 경쟁자들보다 더 눈에 띄려고 합니다.

물고기는 산란기가 되면 수컷의 몸 색깔이 훨씬 짙어지고, 일부 물고기들은 '추성追星'이라는 사마귀 모양의 돌기가 몸이나 지느러미 표면에 돋아나기도 합니다. 우리가 주로 키우는 열대어인 구피는 암컷을 유인하기 위한 춤을 추기도 하는데, 이런 행동들은 뛰어난 유전자를 후대에 전하기 위해 배우자를 선택하는 행동입니다. 이런 짝짓기 전략이 있다는 것을 알아두고, 조개 몸속에 알을 낳는 산란 전략을 알아보겠습니다.

조개 몸속에 산란하는 전략

조개 몸속에 알을 낳는 물고기는 앞서 소개한 멸종위기종 4종을 포함하여 10여 종이 있습니다. 이 물고기들의 알은 점성이 없고 수가 적어 안전한 번식 방법으로 딱딱한 민물조개 몸속에 알을 낳아 생존율을 높입니다. 산란 시기가 되면 물고기의 암컷은 적당한 민물 조개를 찾아 물을 들이마시는 조개의 입수공_{물을 빨아들이는 길쭉한 대롱 모양의 기관}에 길게 늘어난 산란관을 꽂아 알을 낳고, 수컷은 기다렸다가 재빠르게 정자를 뿜어냅니다.

이처럼 매우 독특한 방법으로 산란을 하는데, 이렇게 되면 조개는 어떻게 될까요? 조개가 죽거나 생활하는 데 힘들지 않을까요? 흥미롭게도 납자루아과 물고기와 조개는 번식에서 상부상조하는 관계입니다. 민물조개 역시 자기 몸속에서 부화한 유생들을 큰줄납자루나 임실납자루가 산란할 때 물을 내뿜는 출수공으로 뿜어내 물고기의 몸에 붙입니다. 조개 유생은 껍데기 한쪽 끝에 갈고리가 있어 물고기의 지느러미나 몸에 붙어 영양분을 빨아먹으며 살다가 어느 정도 자라면 물고기에서 떨어져 나와 새로운 곳에 정착합니다. 정리하면, 물고기는 자기 알을 지켜주는 민물조개가 필요하고, 민물조개는 어린 새끼들을 멀리 퍼뜨리는 데 물고기의 도움을 받고 있습니다.

 산란탑을 쌓는 전략

조개에 알을 낳는 납자루아과 물고기 이외에 산란탑을 쌓는 독특한 산란 행동을 보이는 물고기가 있습니다. 산란탑을 쌓는 물고기는 천연기념물로 지정된 어름치가 그 주인공으로, 산란기에 암수가 만나 자갈이 많은 여울부에 알을 낳고, 그 자리에 자갈을 쌓아

탑을 만듭니다. 탑을 만드는 이유는 두 가지로, 하나는 다른 물고기가 자신들이 낳은 알을 먹는 것을 방지하는 것이고, 다른 하나는 자갈 사이로 맑은 물을 흐르게 하여 알이 건강하도록 하는 것입니다.

 거품집을 만드는 전략

다음으로 거품집을 만드는 버들붕어가 있습니다. 산란기가 되면 수컷 버들붕어는 끈적이는 분비물이 섞인 거품을 입 밖으로 내보내 물 표면에 동그란 거품집을 만듭니다. 이곳으로 암컷을 유인하여 알을 낳게 한 뒤 수컷은 정자를 뿜어내 수정합니다. 이렇게 물 표면에 거품집을 만드는 이유는 버들붕어의 알이 지방 성분이 많아 물 위에 뜨기 때문으로, 이런 생태적인 특성을 적극 반영하여 산란하고 하천에서 생존하고 있습니다.

이러한 모든 행동은 생존에 대한 본능입니다. 인간도 마찬가지이듯이 지구상에 살아가는 생물들의 일차적인 목적은 생존과 종족 번성입니다. 물고기가 조개 몸속에 알을 낳거나 산란탑을 쌓고 거품집을 만드는 모든 행동은 자손을 조금이라도 더 많이 부화시키기 위한 상당히 고도화된 전략적 행동입니다.

많은 사람들이 우스갯소리로 붕어는 기억력이 3초라고 농담하지만, 실제로 물고기들은 종족 번영을 위해 상당히 똑똑하고 매우 전략적인 '전략가'입니다.

08

초식동물 배설물로 초지를 건강하게 하는
소똥구리

···· 김홍근

세계자연보전연맹 적색목록 | **지역 절멸(RE)**

우리에게 친숙한 소똥구리가 사라졌다?!

소똥구리는 1960년대까지 제주도를 비롯한 한반도 전역에서 쉽게 볼 수 있었던 친숙한 곤충이었습니다. 그러나 1971년 이후 공식적인 소똥구리 발견 기록이 없습니다. 2010년대에 들어서 환경부에서 소똥구리 복원을 위해 몽골에서 들여온 소똥구리만이 존재하고 있을 뿐입니다.

소똥구리 *Gymnopleurus mopsus* 는 소똥구리과에 속하는 대표적인 곤충이지만, 현재 우리나라에는 서식하지 않는 것으로 알려졌습니다. 우리나라의 소똥구리는 세계자연보전연맹ICUN 지역 적색목록에서 지역 절멸RE: Regionally Extinction 로 분류되어 있습니다. 2013년 환경부는 소똥구리과의 종들 가운데 왕소똥구리 *Scarabaeus typhon* 와 긴다리소똥구리 *Sisyphus schaefferi* 는 위급CR, 점박이외뿔소똥풍뎅이 *Onthophagus gibbulus* 는 위기EN, 검정뿔소똥풍뎅이 *Onthophagus rugulosus* 는 취약VU, 뿔소똥구리 *Copris ochus* 는 준위협NT: Near Threatened 으로, 애기뿔소똥구리 *Copris tripartitus* 는 관심대상LC 으로 지정했습니다.

우리나라에는 소똥구리과 곤충 38종이 살고 있거나 살았던 것으로 연구되었습니다. 동물의 분변을 주식으로 하는 분식성 소똥구리과

Scarabaeidae의 곤충은 그 생활 습성에 따라 크게 세 종류로 구분됩니다.

거주형dweller 소똥구리류는 분변 속에서 살아가고, 터널형tunneler 소똥구리류는 분변 아래에 굴을 파는 습성이 있으며, 경단형roller 소똥구리류는 분변으로 경단을 만들어 굴리는 습성이 있습니다.

우리나라에 서식하는 소똥구리류 가운데 대체로 쉽게 만날 수 있는 애기뿔소똥구리와 뿔소똥구리가 대표적인 터널형 소똥구리류이며, 이들은 거주형 소똥구리류와 마찬가지로 경단형 소똥구리류보다 작은 공간에서 사육이 가능합니다. 우리나라의 경단형 소똥구리류로는 왕소똥구리, 긴다리소똥구리 그리고 소똥구리가 있습니다. 이들은 동물의 분변으로 경단을 만들어 굴리면서 이동하다가 적당한 장소를 찾으면 경단을 땅속에 묻은 뒤 경단에 산란하는 복잡한 행동을 보여 그동안 실내 사육이 쉽지 않았습니다.

땅을 기름지게 하는 배설물 분해자

소똥구리류는 자연에서 초식동물의 배설물을 분해하는 역할을 하는 것으로 알려졌습니다. 우리나라에는 지난날 소똥구리류가 민가 근처에 많아 소나 말과 같은 가축의 배설물을 분해해 땅을 기름지게 했다고 합니다. 만약 이러한 분해자가 존재하지 않는다면, 배설물이 분해되지 않아서 많은 문제를 일으킬 것입니다.

분변 아래에 굴을 파는 뿔소똥구리 ⓒ 김영근

분변으로 경단을 만드는 긴다리소똥구리 ⓒ 김홍근

옛날 민간요법에 따르면, 강랑蜣蜋이라고도 하는 소똥구리는 임산부에게 효과가 있는 약재로 이용되었고, 피부가 찢기거나 떨어져 나가 구멍이 난 상처 등 각종 염증 치료에 쓰였으며, 그리스에서는 말라리아의 예방약으로 사용했다고도 합니다. 최근에는 농촌진흥청의 국립농업과학원 연구팀이 애기뿔소똥구리에서 코프리신coprisin이라는 물질을 분리하여 동물과 세포 실험을 한 결과 천연 항생물질로 효능이 있는 것으로 나타났다고 밝히기도 했습니다.

소똥구리는 소똥구리과의 38종 가운데 한 종으로 소똥구리과를 대표하는 곤충이라 할 수 있습니다. 소똥구리라는 낱말에서 풍기는 친근함에 비해, 진짜 소똥구리를 본 사람은 그리 많지 않습니다. 우리나라에서 소똥구리가 공식적으로 관찰된 기록은 1971년이 마지막이기 때문입니다. 1971년에 채집된 소똥구리는 현재 이화여대 자연사박물관에 보관되어 있다고 알려졌습니다.

소똥구리는 몸길이가 7~16밀리미터로 광택이 없는 검은색이며, 몸 모양은 오각형에 가깝습니다. 등판은 거의 편평하며 몸 전체에 아주 작은 점무늬가 촘촘하게 있습니다. 머리방패의 앞부분은 위로 휘어져 있고 가운데 부분은 움푹 파여 있습니다. 더듬이는 검은색으로 짧고 끝부분이 뭉툭합니다. 딱지날개 앞가두리 밑마디 근처가 깊이 파여 있는 것이 특징입니다. 앞다리 끝 가까이에 3개의 큰 이빨外齒이 있고, 발목마디는 매우 작습니다.

서식 환경의 오염으로 사라진 소똥구리

　　분류 체계에서 과는 같지만 속이 다른 왕소똥구리나 긴다리소똥구리, 애기뿔소똥구리 등은 우리나라에서 드물기는 하지만 지금도 발견됩니다. 그러나 대표격인 소똥구리는 환경부 지정 멸종위기종 II급으로 지정되었을 뿐 우리나라에서 사라진 지 오래입니다.

　환경부에서는 2017년 소똥구리 복원을 위한 소똥구리 개체를 확보하려고 소똥구리 50마리를 5천만 원에 사겠다는 공고를 냈고, 이러한 사실이 많은 매체에 보도가 되어 사람들의 관심을 끌었습니다. 많은 곳에서 소똥구리를 보았다는 제보가 있었지만, 확인 결과 소똥구리와 비슷한 보라금풍뎅이나 장수풍뎅이 또는 긴다리소똥구리였습니다. 우리나라에 소똥구리가 없다고 단언하기는 어렵지만, 대부분의 전문가들은 우리나라에 소똥구리가 남아 있을 가능성이 희박하다고 말합니다.

　그 흔하던 소똥구리는 왜 사라졌을까요? 1970년대 소똥구리가 사라지기 시작했을 무렵, 우리나라에서 소똥구리가 사라지는 원인에 대한 연구가 수행되지 않아 소똥구리가 사라진 원인에 대해서는 정확하게 알 수는 없습니다. 다만, 여러 전문가들이 소똥구리가 사라진 원인에 대해 다양한 추측을 하고 있습니다.

　먼저, 환경이 변해서 소똥구리가 살기 어려워졌다고 생각할 수 있습니다. 소똥구리는 농가 근처에서 흔히 보이던 곤충이지만, 지난 50년간 우리의 농업 환경이 급격하게 바뀌었습니다. 1970년 후반에 사료와 항생제를 먹인 소를 키우기 시작습니다. 예전에는 농사짓는 모든 마을에 소가 있었고, 소에게 풀을 먹일 때 풀밭에 풀어놓아 소똥구리가 서식할 수 있는 환경이 형성되어 있었습니다.

김기경, ⓒ 국립생물자원관

우리나라에서 사라진 소똥구리

 하지만 요즘에는 풀밭에 풀어놓고 기르는 소가 적을 뿐만 아니라 대부분의 축산 농가는 많은 수의 소를 좁은 공간에 가두어 사료를 먹이며 사육하고 있는 실정입니다. 이러다 보니 소똥구리가 먹고 살 수 있는 좋은 먹이원인 풀을 뜯어 먹고 배설한 소의 똥이 예전처럼 흔하지 않습니다. 이러한 축산업의 변화가 소똥구리에게 영향을 준 것입니다. 게다가 제한된 지역에서 분뇨처리 시설까지 갖춘 현재의 대량 사육 환경에서 소나 말을 키우는 경우에는 소똥구리들이 소나 말의 분변에 가까이 갈 수 없습니다. 이처럼 방목지와 방목 가축의 감소에 따른 서식 환경의 오염으로 소똥구리가 줄어들었을 것이라는 의견이 일반적입니다.

지난날에는 소나 말이 논이나 밭을 갈기도 하고, 물건을 실어 나르는 등 다양한 방식으로 활용되면서, 사람이 다니는 곳 여기저기에 소나 말의 분변이 널려 있었습니다. 이렇게 널려 있는 소나 말의 분변을 소똥구리를 포함한 생태계의 다양한 분해자들이 분변을 분해하여 물질순환을 촉진할 수 있는 환경이었지요.

서식 환경의 오염이라는 이유로 소똥구리는 1970년대 이후에 우리나라에서 쉽게 볼 수 없게 되었고, 현재 지역 절멸종으로 분류되어 있습니다. 지역 절멸종은 다른 지역에서는 볼 수 있지만, 특정 지역에서는 공식적으로 관찰이 불가능하다는 뜻으로, 다시 말해 우리나라에서는 소똥구리가 멸종되었다는 뜻입니다.

소똥구리를 복원하기 위한 방법

소똥구리뿐만 아니라 소똥구리와 비슷하게 소나 말의 분변으로 경단을 만드는 경단형 소똥구리류인 왕소똥구리와 긴다리소똥구리도 심각한 수준으로 줄어들어 관련 전문가들은 이 종들도 관찰이 어려운 위급종으로 생각하고 있습니다.

기본적으로 멸종위기종이란 변화하는 환경에 적응하지 못해 사라져 가는 생물종입니다. 소똥구리는 동물 배설물을 분해하여 초지 생태계의 물질순환에 중요한 역할을 하는 지표종입니다. 사람들의 생활 방식의 변화로 우리 주변을 떠난 곤충이기 때문에 우리의 생활 방식이 조금 바뀐다면 복원할 수 있는 곤충이라 생각됩니다. 따라서 우리의 노력을 통한 복원이 필요합니다.

소똥구리는 비록 우리나라에서는 사라졌지만, 유럽과 중앙아시아, 일본을 제외한 동북아시아를 포함하는 넓은 지역에 분포했다고 알려졌습니다. 현재 대부분의 지역에서 급격하게 개체수가 감소하고 있지만, 몽골을 포함한 일부 나라에서 살아가고 있다고 알려졌습니다. 따라서 소똥구리를 복원하기 위해서는 해외에서 소똥구리를 들여와 개체수를 늘리고 서식지를 조성하여 방사하는 방법이 가장 좋습니다.

이미 환경부에서는 멸종위기종복원센터가 세워지기 전부터 소똥구리 복원을 위한 기초 연구를 수행했습니다. 이 연구에 따르면 몽골에 서식하는 소똥구리와, 우리나라의 연구기관에서 보관하고 있는 소똥구리의 표본을 분석한 결과 몽골의 소똥구리가 우리나라에 존재했던 소똥구리와 유전적으로 상당히 유사한 개체군임을 확인했습니다. 이러한 사전 연구를 바탕으로 멸종위기종복원센터에서는 소똥구리의 복원을 위한 첫 번째 단계로, 2019년 여름 몽골에서 소똥구리 200마리를 들여와 국립생태원 멸종위기종복원센터가 있는 경상북도 영양에서 사육하고 있습니다.

증식과 복원을 위한 끊임없는 노력

살아 있는 소똥구리를 우리나라로 들여오는 것도 쉽지 않았습니다. 소똥구리는 우리나라 농가들이 경제적인 이유로 키우는 여러 가축과 관련이 있습니다. 따라서 구제역을 비롯한 다양한 가축 전염병과 관련 없고 전염병을 전파할 가능성이 없음을 농림축산검역본부와 함께 확인 작업을 거친 뒤 들여올 수 있었습니다.

현재 소똥구리는 농림축산검역본부에서 지정한 수입 금지품이기에 소똥구리를 사육하는 시설도 여러 단계의 안전장치와 격리 시설 그리고 멸균 장비를 확보한 후에 소똥구리를 사육할 수 있습니다. 아직까지 소똥구리 사육에는 많은 제약이 있으며, 연구에도 많은 제약이 따르고 있습니다. 여기에 덧붙여 환경부 멸종위기 야생생물 II급으로 지정되었으니 환경부의 허가도 필요합니다.

또한 해외 생물을 국내에 도입하려면, 생물자원에서 얻는 이익을 공유하기 위한 지침을 담은 국제협약 '나고야 의정서'에 따라 양국 정부의 복잡한 절차를 거쳐야 합니다. 이를 위해 몽골 정부에 일곱 종류의 증명서를 제출했고, 우리나라에 들여와서도 환경부와 농림축산검역본부의 엄격한 관리 규정에 따라 사육 중이며, 증식 연구를 수행하고 있습니다.

이처럼 소똥구리는 우리나라 자연에서 살고 있지 않아 연구에 많은 제약이 따릅니다. 소똥구리의 사촌격인 애기뿔소똥구리는 멸종위기 야생생물 II급으로 지정되어 보호받고 있으며, 우리나라에서 드물게나마 발견되고 있습니다. 비록 개체수는 많지 않지만, 애기뿔소똥구리의 서식지는 환경부 및 관련 연구기관에서 파악하고 있습니다. 한 연구소에서는 애기뿔소똥구리의 보전을 위해 항생제나 구충제를 먹이지 않고 소를 방목하여 키우고, 여기에서 확보한 소똥으로 애기뿔소똥구리를 사육하고 있습니다.

국립생태원 멸종위기종복원센터에서는 몽골에서 들여온 소똥구리를 바탕으로 대량 증식한 후 우리나라에 적합한 서식지를 조성하여 복원사업을 진행할 예정입니다. 최근에는 마사회의 도움으로 경주하다가 다친 중대 부상마를 국립생태원 멸종위기종복원센터에서 활용하여 소똥구리의 먹이인 말똥을 공급할 수 있게 준비 중입니다.

우리나라는 대량으로 소똥구리를 들여와 사육을 통해 지속적으로 개체수를 유지하고, 증식을 통해 소똥구리 개체수를 늘린 경험이 아직 없습니다. 멸종위기종을 연구하는 것은 여러 제도적인 제약뿐만 아니라, 선행연구와 연구자 층이 두텁지 않아 많은 어려움이 따릅니다. 특히 소똥구리 연구의 경우 1970년대 우리나라에서 소똥구리가 사라진 이후 연구가 활발하지 않아 참고할 만한 좋은 연구가 상당히 제한적입니다.

하지만 멸종위기종복원센터의 연구진들은 그동안 축적된 여러 곤충에 관한 연구를 바탕으로, 우리나라 소똥구리 복원을 위한 연구를 차근차근 진행해 가고 있습니다. 아직은 소똥구리 복원 연구의 시작 단계입니다. 소똥구리 복원 연구는 시간이 오래 걸리고 고된 일이겠지만, 우리나라의 생물다양성을 지키기 위한 연구라는 자부심으로 최선을 다한다면 소똥구리가 우리나라에서 경단을 굴리는 모습을 곧 볼 수 있으리라 기대합니다.

9
개미들과 함께 살아가는
쌍꼬리부전나비
•••• 김영중

날개 인편과 빛의 작용으로 아름다움을 더한 쌍꼬리부전나비

쌍꼬리부전나비*Spindasis takanonis*는 세계자연보전연맹IUCN 권고에 따라 생물다양성의 보전과 야생생물의 멸종을 방지하기 위해 발간한 자료집인 한국 지역 적색목록에 취약종VU으로 지난 2005년부터 지금까지 우리나라에서 멸종위기 야생생물 II급으로 지정하여 보호하고 있는 부전나비과의 곤충입니다.

쌍꼬리부전나비는 날개를 펼쳤을 때 몸길이가 약 2.7~3.4센티미터로 나비류 가운데 작은 편에 속합니다. 수컷은 암컷보다 약간 작지만 날개 윗면은 흑갈색, 아랫면은 금속성 느낌의 청색 또는 보랏빛 광택을 띱니다. 암컷은 수컷처럼 색이 화려하지 않으며 전체적으로 어두운 흑갈색을 띤다고 합니다.

흥미롭게도, 쌍꼬리부전나비 날개의 아름다운 빛깔은 색소가 아닌 여러 겹으로 모여 있는 수많은 날개 인편비늘가루, 날개 표면을 덮는 털 모양이나 잎 모양의 미세한 구조물의 물리적 구조와 빛이 날개에 닿았을 때 일어나는 빛의 간섭과 반사 그리고 산란의 상호작용에 따라 나타난다고 합니다. 이러한 구조는 반도체 등의 연구에도 활용된다고 하지요.

쌍꼬리부전나비는 이름에 외형적 특징이 담겨 있습니다. 특히 우리나라에서는 유일하게 뒷날개 아래쪽 끝부분을 따라 꼬리돌기 두 개가 있는 것이 특징입니다.

날개 끝에 청색 또는 보랏빛 광택을 띠는 수컷

날개를 세우고 앉아 있을 때 도드라지는 두 개의 꼬리돌기는 스스로를 지키는 역할을 합니다. 바람결에 살랑거리는 꼬리돌기는 나비 천적들에게 더듬이로 착각하게 하여 사냥 실패 확률을 높입니다. 이는 머리부터 공격하는 천적들의 습성을 역으로 이용한 전략이라고 볼 수 있습니다. 하지만 이러한 외형적 특징과 아름다움은 의도와는 다르게, 인간의 무분별한 채집으로 이어져 개체군 존속에 큰 위협 요인으로 작용한다고 합니다.

한정된 지역에 서식하는 귀한 나비

우리나라에는 서울, 경기도, 강원도, 전라도 및 충청북도 일부 지역에 분포하는 것으로 확인되고 있습니다. 지금도 계속 진행되고 있는 멸종위기 야생생물 전국 분포 조사에 따르면, 2000년대 이후 남부지방으로 서식처가 확산되어 개체군의 분포 범위가 약간 넓어지고 있는 것으로 판단됩니다. 2000년대 초반까지는 북한산국립공원의 전 지역을 기준으로 할 때 중부 이북에서 주로 관찰되었지만, 2000년대 이후 조사에서부터 광주광역시 지역에서 분포가 확인되었고, 이후 무등산국립공원 증심사와 원효사 일대가 쌍꼬리부전나비의 집단 서식처임이 확인되었습니다. 현재는 광주광역시 및 전남 화순군·담양군에 걸쳐 있는 무등산까지 쌍꼬리부전나비의 분포 범위로 확인되고 있습니다.

외국의 경우 쌍꼬리부전나비는 중국과 일본의 한정된 지역에 분포하는 것으로 알려졌으며, 일본에서는 돗토리현 일부 지역에 서식하는 쌍꼬리부전나비를 적색목록에 준위협^{NT} 등급으로 분류하여 보호하고 있습니다.

쌍꼬리부전나비의 독특한 생태 특징

쌍꼬리부전나비같이 우리나라에 서식하는 나비 가운데 일생 중 유충 시절을 개미 무리 속으로 들어가 보살핌을 받다가 성체가 되면 새로운 삶을 살아가는 나비 무리가 있습니다. 우리가 일반적으로 생각하는 '나비의 한살이'를 떠올려 볼까요? 보통 나비는 먹이가 되는 식물체에 알을 낳고 알에서 깨어난 애벌레는 잎을 먹고 자라 번데기 과정을 거쳐 성체가 됩니다. 이번 장의 주인공인 쌍꼬리부전나비는 이른바 '주고받는give and take' 전략을 통한 교묘한 방식으로 개미를 이용해 안전을 보장받으면서 살아가는 독특한 생태 특징이 있습니다.

쌍꼬리부전나비는 연 1회 발생하며, 성충은 6~7월에 나타나는 것으로 알려졌고, 주로 활동하는 서식지는 낮은 산지의 숲이나 숲이 덜 우거진 볕이 잘 드는 장소에서 살아간다고 합니다. 낮에는 풀잎이나 나뭇잎 주변에 앉아 햇볕을 쬐거나 개망초와 큰까치수영과 같은 초본식물이나 밤나무의 꽃에서 꿀을 섭취합니다.

해질 무렵 쌍꼬리부전나비가 서식하는 곳에 가면, 수컷들이 자신의 영역을 지키기 위해 특유의 공간 점유 행동을 볼 수 있다고 합니다. 이 시간대에는 수컷 나비들이 가장 활발하게 움직이며, 이는 짝짓기를 위한 준비 과정의 일부입니다. 수컷들은 높은 지점이나 잘 보이는 장소를 선택해 자신의 영역을 확립하고, 다른 수컷들이 접근하는 것을 막습니다. 이들은 자신의 날개를 펼쳐 보이며, 강렬한 색상과 패턴을 이용해 경쟁자를 위협하고 암컷을 유혹합니다. 이 영역 행동은 쌍꼬리부전나비의 생존과 번식에 중요한 역할을 합니다. 영역 내에서 수컷은 암컷에게 자신의 유전적 우수성을 보여주는 동시에, 경쟁 수컷으로부터 자신의 자리를 지킵니다. 이 과정에서 나비들은 복잡한 비행 기술과 몸짓을 사용하여 수컷을 협박하거나 암컷을 매혹합니다. 이러한 행동은 진화적으로 발전한 특성으로, 각 수컷의 성공적인 번식 기회를 극대화하기 위한 전략이라고 학자들은 이야기합니다.

쌍꼬리부전나비는 나무에 서식하는 '마쓰무라꼬리치레개미'를 숙주로 하여 살아가는 것으로 알려졌습니다. 쌍꼬리부전나비 암컷은 짝짓기 후 대략 6월 중순부터 7월 사이 마쓰무라꼬리치레개미의 집과 가깝고 개미들이 다니는 길목을 평소에 잘 알아둡니다. 암컷은 적절한 시기에 이들의 눈에 잘 띄는 곳인 벚나무, 소나무, 신갈나무 또는 바위틈에 주로 알을 낳습니다. 이윽고 알이 부화하면 애벌레는 본능적으로 자기를 데려가라는 화학적 신호를 내보내 개미를 유혹합니다. 이때 신호를 감지한 개미는 애벌레를 자기 집으로 데려가 따로 마련한 사육실에서 정성껏 돌본다고 합니다. 쌍꼬리부전나비의 애벌레

쌍꼬리부전나비 애벌레를 집으로 데리고 가는 마쓰무라꼬리치레개미

는 개미가 물어다 준 먹이를 먹고 자라지만 때때로 개미의 애벌레를 포식한다고도 합니다.

쌍꼬리부전나비 애벌레는 몸에서 달콤한 액체를 분비하는데, 개미는 이 물질을 섭취하면서 더욱 극진히 돌봅니다. 여러 학자들은 개미를 숙주 삼아 살아가는 쌍꼬리부전나비와 같은 종이 개미와 함께 살아가면서 자신의 분비물을 주는 것은 외부 천적으로부터 자신을 보호받기 위한 생존 전략이라고 주장합니다.

그동안 이를 증명하기 위한 여러 실험이 진행되었습니다. 개미와 함께 자라는 애벌레 집단과 개미 없이 자라는 애벌레 집단의 생존을 비교했을 때, 개미 없이 자라는 집단은 천적들의 공격을 더 많이 받아 많이 죽었지만, 개미와 함께 자란 집단은 더 많은 수가 살아남은 것을 알 수 있었습니다. 쌍꼬리부전나비 애벌레의 분비물에는 개미가 애벌레를 외부의 천적으로부터 더욱 공고하게 보호하도록 행동을 수정하는 물질이 들어 있다고 알려졌습니다.

사실 쌍꼬리부전나비 말고도 우리나라에 서식하는 부전나비과의 종들이 개미와 공생관계를 이루고 있다고 합니다. 또 종에 따라 공생하는 개미의 종도 다르다고 합니다. 예를 들어 담흑부전나비는 일본왕개미, 한국홍가슴개미와 공생관계가 있는 것으로 알려졌으며, 그밖에도 큰점박이부전나비, 고운점박이푸른부전나비, 암고운부전나비, 남방남색부전나비 등도 여러 개미 종들과 공생관계이며, 살아가는 방식도 쌍꼬리부전나비와 유사한 것으로 알려졌습니다. 위의 종들은 아직 멸종위기종은 아니지만, 이들 역시 최근 산업화와 생태계 훼손으로 감소 추세에 있다고 합니다.

쌍꼬리부전나비의 생태계 내 역할

쌍꼬리부전나비는 꽃가루받이 매개자입니다. 꽃가루나 꿀과 같은 먹이를 찾아다니면서 식물에 있는 꽃가루를 자연스럽게 몸에 묻히고, 이를 다른 식물로 옮겨 열매나 종자의 결실을 돕습니다. 우리가 즐겨 먹는 사과와 복숭아, 아몬드, 호박, 딸기 등은 이러한 꽃가루받이 매개곤충의 노력으로 맺은 열매입니다. 특히 쌍꼬리부전나비를 비롯한 나비류는 들판에 자라는 여러 식물들의 방화곤충訪花昆蟲, 꽃가루를 나르는 곤충, 매개곤충이라고도 함으로 초원 식물의 다양성을 유지하는 데 큰 역할을 합니다. 미국 농무부에 따르면 인류가 소비하는 세계 식량의 30퍼센트가 꽃가루 매개곤충에 의해 생산되고, 야생식물의 약 90퍼센트가 꽃가루 매개곤충의 영향을 받는

나비류는 여러 식물들의 꽃가루를 나르는 곤충

다고 합니다. 이러한 단적인 예만으로도 꽃가루 매개곤충이 우리가 사는 환경에 어떤 역할을 하는지 실감할 수 있습니다.

쌍꼬리부전나비를 포함한 꽃가루 매개곤충들은 서식처와 환경의 악화로 점점 줄어들고 있습니다. 이러한 상황은 1962년 레이첼 카슨 Rachel Carson, 1907~1964이 집필한 『침묵의 봄Silent Spring』에 잘 묘사되어 있습니다. 이 저서에서 카슨은 무분별한 개발과 농약 사용 등이 계속 진행된다면 언젠가 생태계와 인간에 피할 수 없는 재앙을 불러올 수 있다는 심각성을 고발하고 있으며, 이러한 잘 못된 방식은 궁극적으로 인류의 멸망을 초래할 수 있다고 경고합니다.

전 세계적인 환경운동 확산에 공헌한 레이첼 카슨

꽃가루 매개곤충이 환경을 건강하게 지켜주는 존재라는 점은 분명합니다. 따라서 이 매개곤충이 우리와 함께 공존하는 것은 곧 지구 생태계와 인간이 살아가기 위한 필수 조건이라고 할 수 있습니다. 우리에게 소중한 꽃가루 매개곤충을 우리와 함께 살아가야 할 생명체로 생각하고, 이들이 사라져 가는 이유와 보전 방안에 대한 연구를 계속해야 합니다. 아울러 환경보전을 위한 작은 실천으로 환경오염을 최소화할 수 있도록 노력해야 합니다.

멸종위기종 복원은 건강한 생태계를 만드는 노력

　모든 학문이 그렇지만 멸종위기 야생생물의 복원을 포함한 생물학 분야에서 벌어지는 개개인의 과학적 신념에 근거한 논쟁은 새로운 것이 아닙니다. 단적으로 진화론을 예로 들면 많은 생물학자들은(거의 대부분이라고도 할 수 있겠지만) 진화론을 생태·분자·행동·형태 등을 포함한 생물학의 전 분야의 기반이 되는 학설로 인정하고 있지만, 여전히 진화론에 대한 논란은 계속되고 있습니다.

　예를 들어 1976년에 출간된 리처드 도킨스Richard Dawkins의 『이기적 유전자The Selfish Gene』의 주요 내용을 살펴보면, 인간을 포함한 생물체가 잘 생존하고 후손을 남기는 모든 행동은 개개인이 주체가 되는 것이 아니며, 이는 모두 생체적으로 이미 프로그래밍 되어 유전자에 저장된 정보를 통해서 이루어지기 때문에 인간은 단순히 자신의 유전자를 불멸의 단위로서 후손으로 전파하는 기계와 다를 것이 없다고 주장했습니다. 이러한 주장은 인간이 과연 유전자의 전적인 통제 아래 구속된 존재인지에 대한 논란을 불러일으켰습니다.

　인간은 물론 유전자가 명령하는 본능에 따라 번식 등의 생명활동을 하지만 개별적인 인간은 때때로, 아니면 거의 항상 자신의 행복과 만족을 위해 행동하며 이러한 행동 중에는 유전자의 명령을 거스르는 부분도 상당수 존재합니다.

멸종위기 야생생물의 복원 분야도 마찬가지입니다. 어떤 이는 멸종위기 야생생물이 사라지는 것은 지구 역사의 큰 틀에서 보았을 때 자연스러운 현상이며 이를 강제로 살려두는 것이 오히려 부자연스러운 것이 될 수 있다고 이야기합니다.

하지만 인간의 무분별한 개발과 산업화에 따른 환경오염과 생태계 훼손은 자연의 이치에 따라 변화해야 할 지구 환경을 점점 비정상적으로 이끌어 지구온난화 등의 심각한 형태로 우리에게 돌아오고 있습니다. 이러한 현실에서 벼랑 끝으로 내몰리고 있는 멸종위기 야생생물들을 그저 방관만 하는 것은 옳지 않은 일이라고 생각합니다.

우리는 이제 멸종위기 곤충 쌍꼬리부전나비의 생애를 통해 쌍꼬리부전나비와 마쓰무라꼬리치레개미와의 관계를 알게 되었습니다. 쌍꼬리부전나비가 잘 살려면 마쓰무라꼬리치레개미가 있어야 하기에 먼저 이 개미가 잘 살아갈 수 있는 환경이 되어야 합니다.

개미에게 적합한 환경이 되려면 우리가 살아가는 이 지구 환경이 건강하고 균형 있게 유지되어야 하는데 이는 말처럼 쉽지 않습니다. 일반적으로 하나의 종이 사라지면 생태계의 불균형이 일어나 그 종과 연관된 다른 종이 사라질 것입니다. 이러한 현상은 도미노처럼 이어져 종국적으로 우리 인간도 살아가기 힘든 환경이 될 것입니다. 이렇게 모든 동식물은 혼자서는 절대 살아갈 수 없으며, 서로 복잡하게 얽혀 있습니다.

그렇기 때문에 멸종위기종의 복원은 단순히 도태하여 사라져 가는 종을 억지로 붙잡아두는 것이 아니라 건강한 생태계를 만드는 노력이라고 할 수 있습니다. 건강한 생태계를 만들려면 현재 생태 환경의 요소 가운데 어느 부분이 문제점인지 파악해야 합니다. 또한 시계 속의 수많은 톱니바퀴들의 맞물림처럼 에너지 순환의 틀인 먹이사슬에서도 어느 부분이 문제가 될 수 있는지 알아내어 이를 개선하는 방법을 마련해야 합니다.

10
날지 못하고 움직임이 둔한
뚱보주름메뚜기
.... 김만년

생태계의 1차 소비자 메뚜기

무더운 여름과 시원한 가을, 주변의 산과 들에서 곤충의 노랫소리가 들려오곤 합니다. 나무에 붙어서 노래하는 매미도 있지만, 풀밭에서도 노랫소리가 들리고, 그 소리를 따라가면 풀쩍 뛰어올라 도망가는 메뚜기를 발견할 수 있습니다. 여러 소리로 노래하고 멀리 뛰어다니는 곤충, 바로 메뚜기입니다.

메뚜기는 분류학적으로 곤충강Insecta 메뚜기목Orthoptera에 속하며 여기에는 여러 종이 있습니다. 벼메뚜기, 풀무치, 방아깨비, 여치, 귀뚜라미, 땅강아지 등 생긴 모습은 다르지만 모두 메뚜기목으로 분류되고 있습니다.

메뚜기목은 크게 '메뚜기류'와 '여치류'로 나뉘며, 이들은 보통 더듬이의 길이로 구분합니다. 메뚜기류는 더듬이가 길이가 짧아 몸통을 넘지 않지만, 여치류는 더듬이가 길어 몸통을 넘습니다. 또한 소리를 듣는 청각 기관이 메뚜기류는 배, 여치류는 앞다리에 발달해 있습니다.

애벌레에서 보이는 더듬이 길이(왼쪽: 여치류, 오른쪽: 메뚜기류) ⓒ 김만년

메뚜기는 세계적으로 2만여 종이 있는 것으로 알려져 있고, 우리나라에는 180여 종이 살고 있습니다. 뒷다리와 날개가 크고 잘 발달하여 잘 뛰고, 날아다니는 메뚜기는 먼 거리도 이동할 수 있다고 합니다.

메뚜기 중에는 무리 지어 이동하며 눈앞에 보이는 먹이를 가리지 않고 마구 섭식하는 종류도 있습니다. 이런 '메뚜기 떼'가 인간이 힘들게 농사지은 곡식을 모두 먹어 치워 기근이 발생하여 과거부터 메뚜기 떼를 재앙으로 여겼고, 우리나라에서는 황충蝗蟲이라고 불렀습니다. 이러한 특징 때문에 해충으로 분류되곤 하지만, 모든 메뚜기 떼가 무리 지어 이동하며 피해를 주는 것은 아닙니다. 메뚜기는 기후변화에 민감하여, 메뚜기가 무리를 짓는 현상도 이상 기온으로 인해 발생하는 것이라고 알려져 있습니다. 생태계에서 1차 소비자 역할을 하는 메뚜기는 없어서는 안 될 존재이며, 이들이 지키고 있는 균형을 우리도 지키려고 노력해야 합니다.

우리나라에 서식하는 주름메뚜기과의 유일한 메뚜기

뚱보주름메뚜기^{학명}: *Haplotropis brunneriana* Saussure, 1888 는 메뚜기목Orthoptera 주름메뚜기과Pamphagidae, 주름메뚜기속*Haplotropis*의 곤충입니다. 국내에서 주름메뚜기과의 메뚜기는 뚱보주름메뚜기가 1속 1종으로 유일하며, 국외에는 극동 러시아, 중국 동북부, 몽골 등에 분포하고 있습니다.

1888년 스위스 학자가 처음 기록했으며, 우리나라에서는 1970년 평양에서 처음 확인된 것으로 알려졌습니다. 1970~1980년대에는 우리나라 전 지역의 건조하고 해가 잘 드는 초지에서 만날 수 있었지만, 서식지 교란과 파괴 등의 위협 요인으로 현재는 강원도, 충청도 등 일부 지역에서 소수의 개체군만 남아 있는 상황입니다. 과거보다 줄어든 서식지와 개체수 감소로 인해 2017년 환경부 멸종위기 야생생물 II급으로 지정되어 보호받게 되었습니다.

뚱보주름메뚜기 어른벌레(왼쪽: 수컷, 오른쪽: 암컷) ⓒ 김민년

국외에서는 뚱보주름메뚜기가 보호종으로 지정되지는 않았지만, 유럽연합EU에서는 유럽 및 지중해 권역의 메뚜기들을 조사하여 적색목록Red List 기준으로 평가하였고, 여기에는 뚱보주름메뚜기와 같은 과Family에 속해 있는 많은 종이 멸종위기종Threatened species으로 평가되었습니다.

주름메뚜기과Pamphagidae, stone grasshopper로도 불림 메뚜기들은 일반적으로 날개가 퇴화하여 흔적만 남아 있어 날개를 이용한 비행을 못합니다. 또한 이동성이 낮고, 활동 범위가 넓지 않아 서식지가 없어지거나 단절파편화되면 그대로 큰 피해를 보게 됩니다.

우리가 일반적으로 알고 있는 메뚜기는 잘 뛰고 날 수 있지만, 주름메뚜기과 메뚜기들은 그렇지 않습니다. 뚱보주름메뚜기 역시 날개가 퇴화하여 흔적만 남아 있어 날지 못하고, 잘 뛰지 않아 이동성이 낮은 것이 특징입니다.

뚱보주름메뚜기의 형태 특징

뚱보주름메뚜기 어른벌레의 몸길이는 암컷이 대략 35~50밀리미터, 수컷은 25~35밀리미터로 암컷이 수컷보다 더 크고 통통하게 생겼습니다. 이름에 붙은 '뚱보'라는 단어도 수컷보다는 암컷을 보면 단번에 알 수 있습니다.

몸 색깔은 회색, 갈색, 검은색, 얼룩무늬 등 서식지 환경에 따라 다양하게 나타납니다. 이렇게 다양한 몸 색깔은 뚱보주름메뚜기가 서식지에서 흙, 낙엽, 바위 등 주변 환경과 비슷한 색을 띠어 몸을 숨기는 보호색으로 작용하여 천적들에게서 몸을 지킬 수 있게 해줍니다.

뚱보주름메뚜기는 자신이 보호색을 가지고 있어 눈으로 찾기 어렵다는 것을 아는 듯 사람이 다가가도 멀리 뛰지 않고 천천히 이동하며 몸을 숨깁니다.

뚱보주름메뚜기 다양한 몸 색

메뚜기들은 날개를 이용해 소리를 내곤 하는데, 똥보주름메뚜기는 날개가 없어 뒷다리를 배에 있는 크라우스 기관Krauss's organ에 비벼 소리를 냅니다. 소리는 1~2초 정도로 짧고 작습니다. 관찰에 따르면 어떤 개체가 먼저 소리를 내면, 그 소리를 들은 개체가 대답하며 서로의 위치를 찾아 암수가 만나게 됩니다. 소리는 필요한 상황이 아니라면 자주 내지 않아서 드물게 들을 수 있습니다.

청각 기관과 크라우스 기관 ⓒ 김만년

애벌레의 암수 구별은 4~5령 시기이면 알 수 있는데, 배 끝의 모양에 차이가 생기기 시작하며 몸 크기도 암컷이 크고 수컷은 상대적으로 더 작고 말라 보입니다. 안갖춘탈바꿈을 하는 메뚜기의 령기탈피 횟수를 아는 것은 직접 키우지 않고서는 알아차리기가 매우 힘듭니다. 야생에서 만나는 개체들의 성장단계는 짐작만 할 수 있고, 어른벌레의 경우 몸 크기와 새끼손톱의 반 정도 나와 있는 날개로 알 수 있습니다.

뚱보주름메뚜기의 생태 특징

뚱보주름메뚜기는 1년에 1세대만 활동하며, 시기는 3월부터 9월까지로 알려져 있으나, 대부분 어른벌레는 7월 전에 수명이 다하는 것으로 확인됩니다. 생활사는 알 → 애벌레약충 → 어른벌레로, 번데기 단계가 없는 안갖춘탈바꿈불완전변태을 하며 총 다섯 번의 탈피 과정을 거쳐 어른벌레가 됩니다.

뚱보주름메뚜기의 생활사

발달단계\월	1월	2월	3월	4월	5월	6월	7월	8월	9월	10월	11월	12월
알	■	■	■			■	■	■	■	■	■	■
애벌레(약충)			■	■	■							
어른벌레					■	■						

애벌레가 활동하기 시작하는 3월은 겨울이 끝나고 봄이 시작되는 시기이지만, 낮과 밤의 기온 차가 크고 추위가 덜 풀려 곤충들이 많이 활동하지는 않습니다. 하지만 이른 봄부터 활동을 시작하는 뚱보주름메뚜기 애벌레는 3월 알에서 탈출해 이제 막 자라나는 식물의 어린잎을 갉아 먹으며 성장합니다.

먹이는 특별한 기주식물이 없는 것으로 알려져 어떤 식물이든 잘 먹지만 1~3령 시기에는 어린잎만 주로 먹는다고 알려져 있습니다.

다른 메뚜기들보다 이른 시기인 5월 중순쯤 어른벌레가 되는데, 활동 기간은 약 한 달이며 대부분 장마가 오기 전에 산란하고 자연에서 사라집니다.

암컷은 평균적으로 2개의 알집egg pod을 땅속에 산란하며, 1개의 알집에는 10개 내외의 알이 들어 있습니다. 산란할 때는 알뿐만 아니라 접착성 아교질이 같이 분비되어 한 곳에 산란한 여러 알들이 하나의 덩어리를 이루고 토양을 구성하는 물질과 같이 혼합되는 등 알을 보호하는 알집이 완성됩니다알집의 크기는 1센티미터 내외.

암컷의 산란 장면(왼쪽)과 알집(오른쪽) ⓒ 김만년

알집은 땅속에서 약 8개월의 시간을 보내는데, 10월 전후로 알 속의 애벌레는 발생을 끝마치고 전 유충Pronymph 상태로 이듬해 2~3월까지 월동합니다. 3월에 깨어난 유충 상태의 애벌레는 얇은 막에 둘러싸여 다리를 사용하지 못하고 꿈틀거리며 알집에서 탈출합니다. 땅 위로

 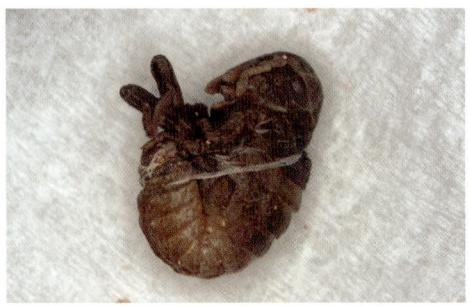

알에서 탈출한 애벌레(왼쪽)와 탈출 후 막을 벗는 데 실패한 애벌레(오른쪽) ⓒ 김만년

올라온 애벌레는 몸을 감싸고 있는 얇은 막을 벗고 진정한 1령 애벌레가 됩니다.

뚱보주름메뚜기의 미래

2017년에 멸종위기 야생생물로 새로 지정되었고, 멸종위기 곤충류 중에서 유일한 메뚜기로 이름을 알리기 시작했습니다. 과거 국내 전역에 있었다고 하지만, 뚱보주름메뚜기의 특징이 사람이 다가와도 잘 뛰어서 피하지 않고, 보호색으로 위장하여 찾기가 어려웠습니다. 또한 날개가 퇴화되어 날지도 않고 이동성도 낮아, 더욱 눈에 띄지 않아서 그동안 잘 알려지지 않았습니다. 그렇지만 어른벌레가 되었을 때 크기가 크고 멋있는 중대형 메뚜기라 곤충을 좋아하는 소수의 마니아들만이 알고 있었습니다.

많은 사람의 관심과 보호를 받을 수 있게 멸종위기종으로 지정되었지만, 서식지 파괴와 개체 수 감소 현상은 멈추지 않고 있습니다. 대부분 똥보주름메뚜기라는 이름을 처음 들었을 것이고, 어떻게 생겼는지도 몰랐을 것입니다. 하지만 이제 이 작은 메뚜기를 알게 되었다면 무관심 속에서 사라지는 상황을 막기 위해 많은 관심과 복원을 위한 노력이 필요한 상황임을 알아주면 좋겠습니다.

11

공기주머니를 단 잠수부
물거미
···· 장금희

천연기념물

독특한 생활 방식과 특성이 다양한 물거미

물거미 영명: Diving bell spider, 학명: *Argyroneta aquatica* Clerck, 1757 는 전 세계적으로 1속 1종이 존재하는 희귀한 거미입니다. 공기주머니를 만들어 물속에서 거의 모든 생애를 보내는 독특한 생활 방식과 다양한 특성들로 분류 체계에서 많은 논란이 된 종입니다.

물거미는 처음에 가게거미과 Agelenidae로 분류되었다가 물거미과 Argyronetidae로 옮겨져 1과 1속 1종이었으나 Roth, 1967, 이후에 일부 학자는 물거미를 굴뚝거미과 Cybaeidae에 넣기도 하고, 위키피디아에서는 물거미를 잎거미과 Dictydae에 넣기도 하며, 우리나라에서는 현재 잎거미과로 분류하고 있습니다. 한국, 일본, 중국, 유럽의 온대 지방, 시베리아 및 중앙아시아 등지에 분포합니다.

물거미는 2017년 우리나라 환경부 멸종위기 야생생물 II급으로 지정되어 보호받고 있습니다. 물거미 서식지는 유일하게 경기도 연천군 은대리의 소규모 습지로 그 일대를 1999년 천연기념물로 지정하여 보호하고 있습니다. 연천 지역의 물거미는 빙하기에 수중생활을 하다가 육상생활로 옮겼다가 육상생활에 적응하지 못하고 다시 수중생활을 한 것으로 추측합니다.

물거미의 형태와 생태 특징

물거미는 단독생활을 하고 세력권을 가지며, 주로 밤에 활동하고 수서곤충과 달리 아가미가 없어 물속에서 숨을 쉴 수 없습니다. 하지만 배, 머리가슴의 가슴판과 다리에 소수성疏水性, 친수성과 반대말로 물 분자와 쉽게 결합하지 않는 성질 털들이 있어 공기방울로 공기주머니를 만들어 물속에서 생활할 수 있습니다. 또한 호흡기관인 책허파와 기관 숨문으로 물속에서 숨 쉴 수 있습니다. 특히 물거미의 배와 머리가슴판에는 육상거미보다 털이 훨씬 조밀합니다. 털은 길고 부드러운 톱니모양이며, 수많은 톱니모양의 털이 공기방울과의 접촉하는 면을 늘려 배에 공기방울을 붙이는 역할을 하는 것으로 보입니다.

일반적으로 거미류는 암컷이 수컷보다 훨씬 크지만, 물거미는 반대로 수컷이 암컷보다 조금 더 큽니다7~15밀리미터. 그 밖에 형태적인 특징으로는 배갑背甲, 또는 등면의 색이 밝은 갈색 또는 적갈색이며, 눈은 8개로 2열로 배열되어 있고, 위턱은 적갈색이며 뒷두덩니 2개

배에 공기방울을 붙게 하는 배와 머리가슴판의 톱니모양 털

가 있습니다. 다리는 길고 털이 많이 나 있으며 셋째와 넷째 다리에 가시털이 많이 나 있습니다. 등 쪽은 회갈색으로 특별한 무늬는 없지만 짧고 굵은 털이 빽빽하게 나 있습니다.

　물거미는 주로 여름에 짝짓기를 하는 것으로 알려졌습니다. 짝짓기는 성숙한 수컷의 더듬이다리를 암컷의 외부 생식기에 대고 정액을 전달하는 것으로 이루어집니다. 짝짓기 전에는 암수가 단독생활을 하다가 짝짓기를 하고 나면 함께 생활하는데, 이는 알을 낳는 산실_{공기주머니}을 좀 더 크게 만들어 새끼를 보호하기 위해서입니다. 알 낳을 때 공기주머니의 내부 구조는 알을 낳아 보호하는 위쪽과 암수가 머무는 아래쪽 두 공간으로 나누어져 있습니다.

　물거미의 수명은 대략 12개월에서 18개월이며, 봄 또는 여름에 알을 낳고 알에서 깨어나 그해 늦은 가을에 성숙해서 겨울을 나거나 새끼로 겨울을 보냅니다. 이듬해 봄에 성숙하여 산란하고 늦은 여름이나 가을에 죽는 생활사를 거칩니다. 물거미가 한 번에 낳는 알 수는 약 50개이며, 낳은 지 3주 정도 지나면 알을 깨고 새끼 물거미들이 빠져나옵니다. 이후 새끼 물거미는 공기주머니에서 떨어져 나와 수면 가까이에 작은 공기주머니를 만들어 지냅니다. 물거미는 7회 정도 허물벗기를 하면서 성장하며, 수면 위에서 허물벗기는 보통 1~2시간이 걸립니다. 겨울이 되면 물속이나 진흙 속에 공기주머니를 만들어 겨울잠_{동면}에 들어가고, 이듬해 봄이 되면 성숙해져서 짝짓기를 시작합니다.

물거미는 어떻게 물속 생활을 할까?

물거미는 배에 붙이고 다니는 공기주머니 덕분에 물속에서 지낼 수 있습니다. 스킨스쿠버가 바닷속에서 산소통을 메고 있는 모습과 비슷해 보여서 '다이빙벨 거미'로도 불립니다. 물거미의 공기주머니는 물거미가 생활하는 터전으로 호흡, 섭식, 탈피, 휴식, 짝짓기, 산란 및 부화 장소라 할 수 있습니다. 또한 추운 겨울철에 물이 얼어도 공기가 채워져 있어 얼지 않는 공간에서 살아갈 수 있습니다. 이런 다양한 기능을 하는 공기주머니는 거미줄을 만드는 기관인 실젖에서 만듭니다.

물거미는 물속에 공기주머니, 공기주머니를 지탱하는 고정줄, 이동하기 위한 줄, 알집을 보호하기 위한 줄, 이렇게 모두 네 가지 종류의 거미줄을 칩니다. 깊이 30센티미터 이내의 물풀이나 돌 같은 구조물에 거미줄을 치고, 배 끝 항문 쪽에 있는 실젖을 수면 위로 순식간에 내밀어 공기방울을 만듭

배 끝 항문 쪽의 실젖을 수면 위로 순식간에 내밀어 만든 공기방울들

니다. 처음 몸에 달라붙은 공기방울을 떼어내는 것을 시작으로 계속 수면을 오가며 공기주머니를 점차 크게 만듭니다. 공기주머니는 거미줄 섬유 사이의 표면장력으로 공기를 유지하며 공기주머니 아랫면은 열려 있습니다. 물거미는 배 부분만 들어갈 정도로 작은 크기부터 몸 전체가 들어가는 큰 크기까지 다양한 공기주머니를 만듭니다. 공기주머니는 개체 크기에 따라 다르지만, 너무 크면 부력에 의해 수면 위로 떠오를 수도 있어 필요 이상으로 크게 만들지는 않습니다.

여름철 집짓기는 산란과 깊은 관련이 있습니다. 많은 햇빛과 용존산소DO: Dissolved oxygen, 하천과 호수 따위의 물속에 녹아 있는 산소의 양가 필요하기 때문에 수면 가까이 지어야 하며, 겨울철에는 온도 변화가 작은 물속 깊은 곳에 공기주머니를 만들어 물이 얼더라도 공기주머니 안에는 물이 없어 안전하게 겨울을 보내는 것으로 추측합니다. 그리고 물거미는 다른 거미와 마찬가지로 기관 숨문과 책허파로 숨을 쉬기 때문에 물속뿐만 아니라 육상에서도 자유롭게 지낼 수 있습니다. 육상에서 휴식을 즐기다가 다시 물속으로 들어갈 수 있지요.

물거미는 대부분을 공기주머니 안에서 생활하는데, 공기주머니는 사람이 사는 집과 같다고 생각하면 이해하기 쉽습니다. 기본적으로 방수가 되어 있어 물속에서 호흡을 할 수 있고, 먹이를 잡아 집에 가져와서 먹기도 하고, 산란이나 번식을 할 때는 육아 공간으로 사용하기도 합니다. 또한 휴식을 취할 때는 안식처가 되기도 합니다. 사람과

물속에서 거미줄을 치고 집을 짓는 물거미

마찬가지로 자신만의 안락한 보금자리를 가지고 있는 셈입니다.

그렇다면 육지에서 생활하는 거미의 생활 방식과는 얼마나 다를까요? 육지에서 생활하는 거미와 거의 차이점이 없습니다. 다만 물속에서 거미줄을 치고 집을 짓는 것이 차이점이라고 할 수 있습니다. 물속의 거미줄은 보통 거미줄과 비교했을 때 결합력과 탄력이 뛰어납니다. 거미줄은 대부분 여러 종류의 단백질로 이루어졌는데, 섬유질의 주성분인 글리신, 알라닌, 트레오닌 등은 결합력이 강해 강도와 신축성이 뛰어납니다. 물거미의 공기주머니집도 일반 거미줄처럼 단백질로 이루어졌지만, 결합력이 몇 배나 더 강하고 탄력이 뛰어나 공기주머니집이 물에 녹지 않을 뿐만 아니라 잘 터지지도 않습니다.

물속에서 이렇게 다양한 생활을 한다면 적응을 잘한다는 이야기인데, 그럼 수영도 잘하지 않을까요? 물거미는 헤엄을 치지만 그리 훌륭한 수영 선수는 아닙니다. 그래서 물의 속도가 빠르면 떠내려가기도 하지요. 이 때문에 나름의 이동 전략이 있습니다. 물풀을 타고 오르내리거나 수면과 바닥 사이에 세로로 쳐 놓은 거미줄을 이용해 이동하는 것이지요. 세로로 친 거미줄은 빠른 이동에만 이용하는 것이 아니라 잡은 먹이의 임시 보관 창고로도 사용하고, 유영하는 먹이를 잡는 먹이 그물로도 활용합니다. 또 바닥을 돌아다닐 때 다리로 기어 다니지만, 바닥에 거미줄을 쳐 놓고 밟고 다니기도 합니다. 이렇게 하면 더 빨리 이동할 수 있고, 균형을 잃어 물 위로 떠오르는 것을 막을 수 있습니다.

공기주머니와 먹이 사냥

물거미는 주로 물속을 유영하거나 물속 바닥을 기어 다니거나, 물풀 사이에 숨어 있다가 먹이를 사냥합니다. 어른 물거미는 자기보다 작은 살아 있는 갑각류(옆새우), 실잠자리 애벌레, 장구벌레, 갓 깨어난 어린 물고기, 깔따구 애벌레, 양서류 유생 등을 좋아합니다. 먹이(옆새우)를 먹는데 25~35분가량 걸리며, 먹이가 마땅치 않으면 자기들끼리 잡아먹거나, 죽은 먹이도 먹습니다.

사냥한 먹이를 먹으려면 반드시 공기주머니가 필요한데, 이미 공기주머니가 만들어져 있다면 잡은 먹이를 물고 들어가 먹지만, 공기주머니가 없다면 재빨리 만드는 게 상책입니다. 다행히 공기주머니를 빨리 만들어 먹이를 먹을 수도 있지만 거미줄에 매달았던 먹이를 다른 녀석에게 빼앗기기도 합니다. 그래서 먹잇감을 지키고 공기주머니도 빨리 만들기 위해서는 공기를 쉽게 얻을 수 있는 수면 근처에 공기주머니를 짓는 판단력도 필요합니다. 물거미는 먹이를 공기주머니로 끌고 와 먹이에 독액을 넣어 꼼짝 못 하게 한 다음 소화액을 천천히 넣으면서 부드러워지기를 기다립니다. 먹이의 몸이 부드러워지면 천천히 그 체액을 빨아먹습니다.

물풀 사이에 숨어 있다가 먹이를 사냥하는 물거미

천연기념물로 지정된 물거미의 서식지

물거미는 세계적으로 북반구 유럽에 주로 분포하고, 한국, 일본, 중국, 시베리아 및 중앙아시아 등지에도 분포합니다. 경기도 연천군 전곡읍 은대리 물거미 서식지는 위도 127°03′30″, 북위 38°02′10″ 선상으로, 전곡읍 시가지에서 북쪽 연천 방향으로 약 2.1킬로미터 지점 3번 국도변 왼쪽 넓은 벌판에 있습니다.

물거미가 사는 곳의 습지는 농경지보다 조금 낮고, 물은 천수_{대기에서 온 물로 비, 눈 등}에 의한 빗물로 공급됩니다. 전체 서식지 보호 지역인 약 5.1헥타르 가운데 70퍼센트가량의 약 3.5헥타르에 울타리를 쳐서 서식지를 보호하고 있습니다. 물거미 서식지의 수심은 0~60센티미터로 다양하고, 물거미가 사는 습지의 수심은 주로 30센티미터 내외로 낮은 편입니다. 용존산소는 평균 4.23mg/L로 환경부 수질 등급 III에 해당하며, pH_{물의 산성이나 알칼리성의 정도를 나타내는 수치로, 수소 이온의 농도}는 5.9~6.2

경기도 연천군 전곡읍 은대리 물거미 서식지

정도의 약산성 범위에 있습니다.

물거미 서식지 보전을 위한 노력

우리나라에서는 1998년 당시 초등학교 교사가 학생들과 함께 생태 조사를 하면서 경기도 연천군 전곡읍 은대리 탱크 훈련장 근처 습지에서 물거미가 서식하는 것을 발견함으로써 최초로 서식지가 알려졌습니다. 이후 학계에 보고되어 그 가치와 보호의 필요성을 인정받아 1999년 9월 18일 '연천 은대리 물거미 서식지'는 천연기념물로 지정되어 국가 차원에서 보호하고 있습니다.

물거미처럼 서식지가 제한된 곳에서 사는 생물들은 일반적인 종보다 환경 변화에 매우 민감해 개체군의 크기가 감소하거나 멸종 위협에 놓일 가능성이 매우 높습니다. 특히 습지는 기후변화로 육지화가 가속화되고 있어 서식지의 체계적인 보호관리 방안 수립이 필요한 실정입니다. 이러한 습지 생태계에서 일어나는 생물종의 감소 원인은 무엇보다도 개체군에 가장 큰 피해를 주는 서식지 파괴와 단절입니다. 따라서 물거미를 비롯한 습지에서 사는 생물은 육지의 종보다 그만큼 사라질 가능성이 높습니다. 또한 습지 생물은 물의 영향권 아래 살기 때문에 생물 간의 상호작용이 매우 커서 종을 보호하려면 그 종뿐만 아니라 이들에게 영향을 주는 물리적인 환경과 피식자 및 포식자에 관한 폭넓은 연구를 바탕으로 한 이해가 필요합니다.

이러한 물거미 서식지를 지속가능하도록 보전하기 위해서는 서식지 수량 유지, 식생 및 식물상 유지, 인위적 교란으로부터 보호, 지역 주민과의 협력 등 다양한 노력이 필요합니다.

물거미가 사는 곳은 항상 물이 있고, 수위가 50~60센티미터로 얕은 편입니다. 그러나 건기에는 습지 가운데 50퍼센트 정도가 물이 말라 서식지는 매우 줄어들게 됩니다. 이처럼 물이 적어 육상 면적이 커지면 물거미의 포식자가 상대적으로 늘어나 물거미는 살 수 없게 됩니다. 따라서 서식지의 물이 적정량을 유지하도록 물을 지속적으로 공급하고 관리해야 합니다. 특히 건조기에 습지의 수위 변화를 꾸준히 점검하여 기준 이하로 낮아지면 물을 대거나, 주변의 하천수를 끌어올려 수량을 유지해야 합니다.

현재 물거미의 서식 조건에 필수적인 수질의 부영양화로 습지 식생이 유지되고 있습니다. 서식하는 식물들은 주로 나도겨풀, 마디풀, 사초과 식물, 가래, 쇠뜨기말, 벗풀, 갈대 등입니다. 그러므로 물거미 서식지에서 습지 식생과 식물상을 지키려면 물을 공급하여 적정한 수량을 유지하는 것이 무엇보다 중요합니다.

물거미는 6~7월에 집중적으로 산란하며 성체는 주로 봄과 가을에 존재합니다. 이 시기에 짝짓고 산란하므로 산란 시기 전에 미리 관개 시설을 준비하고, 기장대풀 등 사초과 식물의 물속뿌리에 안정적인 서식 공간과 햇빛을 많이 받을 수 있는 산란 공간을 마련해야 합니다. 또한 장마철에 물거미 서식지 주변의 농경지로 농약이 흘러들면 치명적인 영향을 줄 수 있어 논에서 농약 사용을 되도록 억제해야 안전한 서식지를 유지할 수 있을 것입니다.

물거미 서식지 보전을 위해 앞서 제시했던 여러 가지 방안이 있겠지만, 무엇보다 가장 먼저 지역 주민에 대한 홍보와 이해가 필수적입니다. 특히 문화재 보전지역으로 지정된 만큼 인접 지역 주민들과 협력해 서식 지역을 보전하고 관리하며, '연천 은대리 물거미 서식지'의 가치와 중요성을 알리고 유지해야 할 것입니다.

12
섬에만 사는 우리나라 고유종
참달팽이
•••• 박종대

우리나라 고유종 참달팽이

비가 오는 날에 우산을 쓰고 학교 화단을 살펴보면 맑은 날에는 잘 보이지 않던 달팽이가 무거운 집을 등에 멘 채 엉금엉금 기어가는 모습을 볼 수 있습니다. 이렇듯 달팽이는 물기가 많은 환경을 좋아해 주로 밤이나 새벽 동안 습한 곳을 찾아다니고, 낮에는 햇빛을 피해 그늘진 곳에 숨어 있다가 비라도 내리면 나와서 돌아다닙니다. 이런 달팽이 가운데 우리나라 전남 신안군의 섬에서만 사는 달팽이가 있습니다. 이들은 바다 한가운데 섬에 살지만, 염분이 있는 바다 환경을 좋아하지 않습니다. 그래서 주로 바닷가와 떨어진 곳의 돌담길 주변이나 인가 주변의 풀숲처럼 습기가 많은 곳에 숨어서 살고 있답니다. 이 달팽이의 이름은 참달팽이입니다.

참달팽이는 독일 패류학자 루트비히 파이퍼Ludwig Karl Georg Pfeiffer, 또는 Louis Pfeiffer, 1805~1877가 전라남도 신안군 홍도에서 채집한 표본을 근거로 1850년 신종으로 발표한 우리나라 고유종입니다. 최초 기록 이후 문헌으로만 전해지다 1993년에야 우리나라 연구자에 의해 확인되었습니다.

참달팽이*Koreanohadra koreana*는 분류학적으로 연체동물문 복족강

진유폐목 달팽이과에 속하는데, 진유폐목이란 '진정한 허파가 있는 종류'라는 뜻이며, 이들이 육상에서 생활하기에 허파가 있고 이를 이용하여 호흡한다는 의미입니다. 같은 복족강에 속하지만, 달팽이들처럼 육상에 살지 않고 바닷가나 강에 사는 고둥류는 허파가 없고 대신 물고기처럼 아가미로 호흡하는 차이를 보이기도 합니다.

겉모양을 살펴보면, 크기는 약 2~3센티미터에 똬리 모양으로 둥글게 말려 있는 단단한 껍질패각이 있으며, 색깔은 노란색, 황갈색, 적갈색 등의 다양한 변이로 나타납니다. 패각에는 대부분 짙은 갈색의 띠무늬색대가 있지만, 띠무늬가 없는 개체도 있습니다. 한때 이 띠무늬의 유무에 따라 각기 다른 종으로 구분해야 한다는 논란도 있었지만, 최근 유전자 분석 방법을 이용한 연구 결과에서 모두 같은 종으로 확인되었습니다.

참달팽이는 우리나라에만 서식지가 확인된 대한민국 고유종입니다. 이전까지의 연구에 따르면 육지와 멀리 떨어진 전라남도 신안군 홍도에서만 유일하게 서식하고 있으며, 이 홍도 안에서도 제한된 지역에 적은 수의 개체군이 유지되고 있다고 알려졌습니다. 이러한 이유로 2012년 환경부 멸종위기 야생생물 II급으로 지정하여 보호하고 있습니다. 또한 무척추동물 중 유일하게 환경부의 「멸종위기 야생생물 보전 종합계획」에 '우선 복원대상종'으로 선정될 만큼 복원 연구가 시급한 종입니다.

참달팽이는 왜 외딴섬에서 살게 되었을까?

참달팽이가 사는 홍도는 육지와 거리가 멀어 접근하기 어렵고 다도해 국립공원에 속해 있는 지역이자 천연기념물로 지정되어 보호하고 있습니다. 따라서 연구를 진행하기 위한 절차가 까다로워 연구자들이 연구를 진행하기에 어려움이 따랐습니다.

최근 국립생태원 멸종위기종복원센터의 연구자들이 참달팽이가 정말 홍도에서만 살고 있는지를 확인하기 위해 신안군의 다른 섬들을 살펴본 결과, 홍도에서 약 40킬로미터 떨어진 하태도에도 참달팽이가 살고 있음을 확인했습니다.

참달팽이가 육지에서 멀리 떨어진 섬에서만 살고 있는데 그 이유는 무엇일까요? 이들이 어떻게 해서 홍도와 하태도라는 외딴섬에만 살게 되었을까요? 육지에서 살다가 떠내려갔다든지, 섬 사이를 왕래하는 배를 통해 들어왔다든지 등등 다양한 가설이 있을 수 있습니다. 하지만 최근에 육지에서 옮겨 왔을 가능성은 아주 낮습니다. 아마도 빙하기 시대에 서해안 섬들이 모두 하나로 연결된 육지였을 시기에 지금보다 더 넓은 곳에서 살아가다 빙하기가 지나고 바다의 수면이 높아지면서 섬들이 형성되었을 때 이곳 홍도와 하태도처럼 작은 섬에 고립되어 현재까지 유지되었던 것은 아닐까 추정하고 있습니다.

독특한 방법으로 번식하는 달팽이류

참달팽이는 매우 독특한 방법으로 짝짓기를 합니다. 대부분의 동물은 자손 번식을 위해 수컷과 암컷이 따로 존재하고 생식 역할을 분담합니다. 하지만 참달팽이를 포함한 많은 달팽이들은 암컷과 수컷이 한몸에 있는 자웅동체입니다. 그렇다고 해서 자기 스스로 알을 만들지는 못합니다. 다른 달팽이를 만나 서로 암컷과 수컷 역할을 하면서 알을 만드는 독특한 생식 방법을 보여줍니다. 느릿느릿 기어 다니는 달팽이는 생식을 위해 필요한 배우자를 찾기 어려울지도 모릅니다. 그렇게 돌아다니다가 만난 달팽이가 성이 같다면 자손을 만들 수 없을 테니까요. 우연히 만난 달팽이가 수컷이든 암컷이든 상관없이 서로 필요한 배우자의 역할을 할 수 있다면, 자손을 많이 만들고 널리 퍼뜨리는 데 큰 장점이 될 수 있습니다.

대부분의 동물이 그러하듯 참달팽이도 짝짓기 전에 구애 행동을 합니다. 구애 행동은 보통 2시간에서 길게는 12시간 동안 이어지며 연시戀矢, 또는 사랑의 화살love dart이라는 가늘고 뾰족한 생식기관으로 서로 자극합니다. 이후 수정이 된 알을 5~10센티미터 땅을 파서 묻는 것으로 알려졌습니다.

참달팽이가 살아가는 방법

보통 달팽이가 햇빛을 싫어하고 습한 곳을 좋아하는 것과 마찬가지로, 참달팽이 역시 그러한 환경을 선호합니다. 이 때문에 몹시 더운 여름철이나 추운 겨울철에는 몸을 웅크리고 잠을 잡니다. 이때 점액질로 덮여 있는 몸을 패각 안으로 말아 넣고 동개冬蓋, epiphragm라는 반투명한 막으로 입구를 막아 수분 손실을 최소화하여 추위나 더위를 견딥니다. 지금까지 알려진 참달팽이의 서식지가 주로 민가 주변의 돌담길이나 풀숲과 같은 환경이라는 점도 참달팽이가 그늘지고 습한 환경을 선호하기 때문으로 보입니다.

참달팽이는 매우 느린 속도로 움직입니다. 근육질의 발은 섬모라는 아주 작고 미세한 털들로 이루어져 있고, 근육 수축에 따른 연속적인 파동으로 움직입니다. 이러한 근육의 움직임은 유리창이나 투명한 곳을 기어 다닐 때 뚜렷하게 볼 수 있습니다. 사람들이 발자국을 남기듯이 달팽이가 지나간 곳에는 점액질의 자국이 남아 있습니다. 발에서 분비되는 투명한 점액이 이동하는 데 마찰을 줄여 주고 날카로운 물체에 부상당할 위험을 막아 주기도 합니다. 그 때문에 면도날처럼 날카로운 모서리를 기어 다녀도 다치지 않습니다.

참달팽이는 주로 식물의 잎을 갉아 먹습니다. 이때 치설radula이라는 독특한 기관을 이용하는데, 컨베이어 벨트처럼 기다란 띠의 표면에 줄지어 있는 작은 이빨들로 먹이를 갉아 먹습니다. 참달팽이는 이러한 치설을 이용하여 주로 식물류의 표면을 갉아 먹지만, 최근 연구에 따르면, 낙엽이나 흙 표면에 진균류곰팡이류를 함께 섭취하여 주요 에너지원으로 활용하는 것으로 보입니다.

참달팽이의 몸은 외투막이라는 조직으로 감싸져 있으며, 막의 끝에서 분비되는 탄산칼슘으로 패각을 만듭니다. 칼슘이 부족하거나 주변 환경에 pH가 낮으면산성 패각이 얇아지거나 갈라져 구멍이 나기도 합니다. 때로는 높은 곳에서 떨어지거나 외부의 충격으로 패각이 깨질 수도 있지만, 생활 여건이 좋으면 시간이 지남에 따라 다시 원래의 모습으로 돌아오기도 합니다. 이렇게 패각의 주요 성분인 칼슘은 참달팽이가 살아가는 데 매우 중요한 영양 성분이라고 할 수 있습니다.

대부분의 달팽이는 수명이 1년생으로 알려졌으며, 종에 따라 2년 또는 3년을 사는 것으로 알려졌습니다. 참달팽이의 수명에 관한 정확한 연구는 아직 알려진 것이 없습니다. 그 밖에도 어떤 먹이를 좋아하는지, 언제 생식을 하고 알을 낳는지와 같은 중요한 내용 역시 연구되지 않고 있습니다.

 참달팽이의 친구들(육상 달팽이)

우리가 알고 있는 달팽이는 연체동물문 달팽이과의 생물종을 가리킵니다. 달팽이과는 나무달팽이아과, 배꼽달팽이아과, 달팽이

아과, 띠달팽이아과의 4개 아과와 80여 개의 속으로 구성됩니다. 이 가운데 참달팽이가 속한 달팽이아과는 대부분 패각이 둥글거나 반구형半球形이며, 띠무늬가 있습니다. 우리나라에는 나무달팽이아과를 제외한 3개 아과의 종이 서식하고 있으며, 과거 연구 기록에 따르면 우리나라에 서식하는 육상 달팽이는 13속 27종입니다. 이 가운데 지금까지 서식이 확인된 종은 11속 24종이며, 삼방달팽이·큰삼방달팽이·홍원공주달팽이 등 3종은 북한에 서식하는 것으로 알려졌습니다.

우리나라에 서식하는 달팽이들은 생김새가 비슷해 전문가가 아니면 형태를 구별하기가 무척 어렵습니다. 그래서 눈에 쉽게 띄는 띠무늬의 유형으로 종을 구분하기도 합니다. 우리나라 달팽이 중에서 패각에 띠무늬가 있는 종은 총 6종으로 참달팽이, 북한산달팽이, 동양달팽이, 충무띠달팽이, 내장산띠달팽이, 거제외줄달팽이 등입니다.

달팽이의 띠무늬는 체층 가장자리에 있는 주연대周緣帶를 기준으로 위아래로 상주연대上周緣帶, 저대底帶로 나뉘며, 달팽이 껍데기 안쪽 가운데에 배꼽 모양의 구멍인 제공臍孔 근처에 있는 띠무늬를 제대臍帶라고 합니다. 이렇게 띠무늬를 상주연대, 주연대, 저대, 제대 순서로 위에서 아래로 각각 번호를 1,2,3,4로 붙입니다. 참달팽이의 경우 주연대에 색대가 있는 0200형, 색대가 없는 0000형으로 구분합니다. 북한산달팽이는 참달팽이와 같게 주연대에 색대가 있는 0200형, 동양달팽이는 주연대와 저대에 색대가 있어 0230형 등으로 구분합니다.

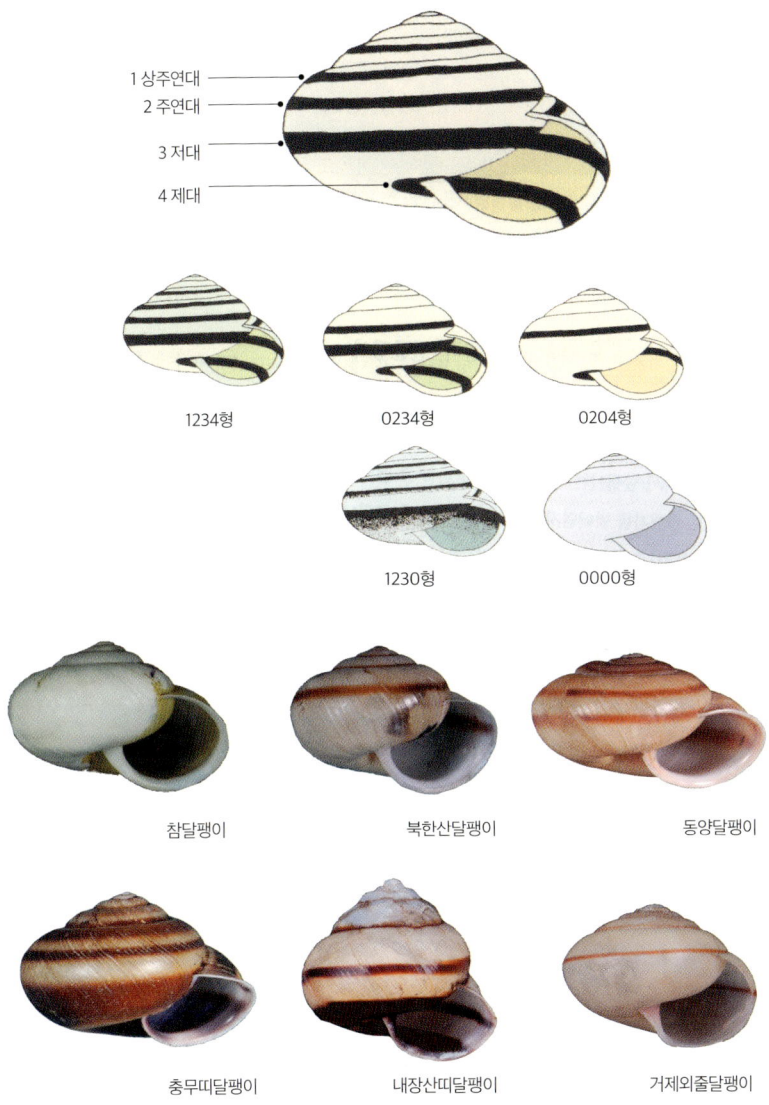

참달팽이는 왜 복원해야 할까?

　우리 주변에 달팽이에서 얻은 성분으로 개발된 다양한 상업 제품을 쉽게 찾아볼 수 있습니다. 특히 달팽이 점액질 추출물이 들어간 기능성 제품마스크 팩, 에센스, 보습 크림, 비누, 염색약 등들이 다양하게 선을 보이는데, 대부분 사람들이 달팽이의 미끌미끌한 촉감을 싫어하는 것과 대조되는 참 아이러니한 상황입니다.

　달팽이뿐만 아니라 다양한 생물들에서 추출한 물질들이 산업적으로 이용되지만 더 이상 생물자원에 공짜란 없습니다. 만약 외국의 어느 제약회사가 우리나라 달팽이에서 인류를 위협할 슈퍼 박테리아를 잡는 유전 물질을 발견하여 신약을 개발했다고 가정해 봅시다. 분명히 이 제약회사는 큰돈을 벌겠지만 이러한 신약 물질에 대해 무지했던 우리나라는 상대적으로 큰 손해를 볼 수 있습니다.

　이러한 일이 실제로 일어났는데, 2009년 세계적으로 유행했던 신종 플루의 치료제인 '타미플루'를 스위스의 로슈사가 2016년까지 독점으로 판매했고, 그 원료는 중국의 팔각회향八角茴香이란 약재입니다. 중국은 이 제약회사가 돈을 벌어 가는 것을 구경할 수밖에 없었으며, 이는 단지 중국만의 문제가 아닌 많은 국가가 실제로 직면한 문제입니다.

　우리나라에도 이와 유사한 사례가 있는데 미국 하버드대학교 아널드식물원의 분류학자 어니스트 윌슨Ernest Henry Wilson, 1876~1930은 1917년에 한라산 구상나무 종자를 미국으로 가져가 여러 가지 품종으로 육종했습니다. 현재 우리나라는 크리스마스 트리로 사용하는 이 나무를 비싼 사용료를 치르고 역수입하고 있습니다.

2010년 제10차 생물다양성협약에서 채택된 '나고야 의정서'에는 "생물 유전자원을 이용하는 국가는 그 자원을 제공하는 국가에 사전 통보와 승인을 받아야 하며 유전자원의 이용으로 발생한 금전적·비금전적 이익은 상호 합의된 계약 조건에 따라 공유해야 한다"는 내용이 있습니다. 앞으로 우리나라 고유 생물종에 대한 합당한 권리를 주장하려면 자생생물의 지속적인 발굴과 이 생물들을 이용한 과학적 근거들을 바탕으로 탄탄한 논리를 마련해 두어야 합니다. 비록 '나고야 의정서'의 적용 범위가 유전자원에서 발생하는 국가 간 이익에 초점이 맞춰졌지만, 이러한 국제적인 협약에서 생물다양성의 보전이 시작되었다는 점은 부정할 수 없습니다.

현재를 사는 우리는 미래의 후손들에게 우리가 누렸던 자연 유산을 온전히 전달해 줄 의무가 있습니다. 의무를 다하기 위한 시작점이 바로 멸종위기에 빠진 생물들을 우선 복원하는 것이며, 나아가 인류와 생물이 평화롭게 공존하는 방법을 펼치는 날이 오기를 기대합니다.

13
온통 가시로 뒤덮인
가시연
•••• 이창우

세계자연보전연맹 적색목록 | **관심대상(LC)**

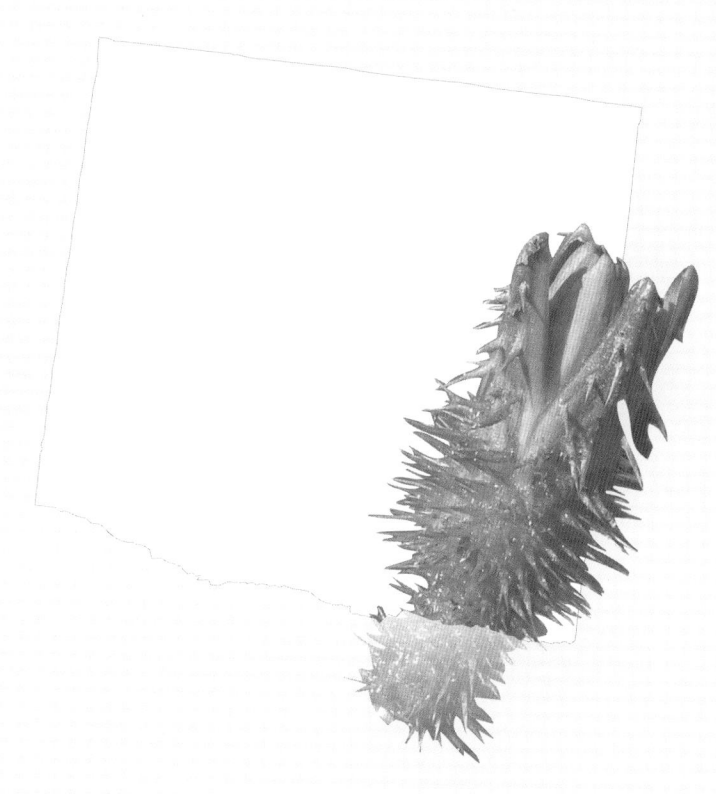

사나운 에우리알레 가시연

　　물에서 피는 꽃 가운데 대표적인 것을 꼽는다면 연蓮을 빼놓을 수 없을 것입니다. 꽃이 빼어나게 아름다울 뿐만 아니라 문화 유적에도 빈번하게 등장하며, 잎이나 줄기는 음식에 이용하기도 합니다. 이처럼 연은 생활적·문화적인 측면에서 우리에게 친숙한 식물입니다. 그런데 연 중에 식물체가 가시로 뒤덮인 종이 있다는 이야기를 들어본 적이 있나요? 지금 소개할 가시연영명: Prickly waterlily, 학명: *Euryale ferox*이 바로 그러한 특징을 지니고 있습니다.

　　가시연은 개연, 철남성 등으로도 불리며, 분류학적으로 수련목 수련과에 속하는 한해살이풀입니다. 우리나라에는 비교적 따뜻한 남부 지역을 중심으로 발견되고, 국외에서는 중국, 일본, 대만, 인도 등의 나라에 분포합니다. 일반적인 식물처럼 초지나 산지가 아닌 오래된 연못, 저수지, 호수에서 주로 볼 수 있는 식물입니다. 보통의 연처럼 강 같은 물이 잘 흐르는 곳이 아니라 물이 갇힌 채 고인 곳을 선호하는데, 특히 영양분이 지나치게 많아 부영양화가 진행된 환경 조건에서 잘 자랍니다. 가시연은 논처럼 흙을 손으로 비볐을 때 미끌미끌한 느낌이 날 정도로 입자가 고운 흙에서 뿌리를 내립니다.

7~8월에 잎 사이에서 꽃이 피어나는 가시연

생김새를 살펴보면, 짧은 줄기를 땅속으로 뻗는데 원뿌리와 곁뿌리를 구별하기 어려울 정도로 수염뿌리가 많이 납니다. 잎은 지름이 20~120센티미터 원형으로 대체로 크게 자라며, 광택이 도는 표면에 주름이 있고 뒷면은 검은빛을 띤 자주색이 특징입니다. 7~8월 무렵 긴 꽃대 끝에서 크기가 4센티미터 정도인 자주색 꽃이 하나씩 피어납니다. 독특하게 피어난 꽃의 꽃잎이 낮 동안에는 벌어졌다가 밤이 되면 닫혀 꽃봉오리처럼 변합니다. 열매는 검은빛을 띠고 타원형 또는 원형으로 딱딱하며 길이가 5~7센티미터입니다.

온통 가시로 뒤덮인 가시연

① 콩팥 모양의 어린 가시연 잎
② 잎맥을 따라 돋아난 가시연 잎
③ 옆으로 뻗는 가시연 꽃대
④ 씨방이 익어 터지면서 드러난 열매

이름에서 알 수 있듯 가시연의 가장 큰 특징은 식물체 곳곳에 보이는 가시입니다. 꽃자루, 열매, 잎 양면의 잎맥 등에 가시가 돋아나 있어 다른 연과 쉽게 구별할 수 있습니다. 학명, 즉 과학자들이 가시연을 부르는 이름인 *Euryale ferox* 또한 그리스 신화에 등장하는 괴물 고르곤 세 자매 중 둘째 에우리알레Euryale와 '가혹하다' 또는 '사납다'는 뜻을 지닌 라틴어 '페록스ferox'를 합쳐 이름 지었습니다. 일본어 이름인 오니바스鬼蓮도 '귀신 연'이란 뜻입니다. 현대 과학자와 옛날 사람들 모두 수많은 가시가 돋아난 연을 보면서 비슷한 생각을 했던 모양입니다.

다른 특징으로는 줄기가 흙 속에서 자라는 것을 들 수 있습니다. 가시연은 연못 아래 흙에 땅속줄기지하경地下莖를 박고 옆으로 뻗으며 살아가는데, 이는 여러 연들에게서 찾아볼 수 있는 생활 형태입니다. 여느 연과 비슷하게 가시연의 줄기는 토란처럼 삶아서 먹을 수 있습니다. 흔히 식탁에 오르는 연뿌리 또는 연근이라는 반찬도 사실은 연 종의 땅속줄기를 조리한 것입니다. 사실 생태적 특징을 정확하게 반영한다면 이들을 연줄기 또는 연경 등으로 부르는 것이 옳습니다.

산업화와 도시화로 위험에 빠진 야생 가시연

현재 가시연은 한국 적색목록에 취약VU 등급, 세계자연보전연맹IUCN 적색목록에 관심대상LC 등급으로 분류되어 있습니다. 또한 2005년 환경부에서 멸종위기 야생생물 II급 종으로 지정하여 보호하고 있습니다.

실제로 살아가는 지역은 우리나라 전역이지만, 습지와 저수지의 개발과 매립에 따라 서식지 파괴가 심각한 실정입니다. 우리나라에서 산업화와 도시화가 빠르게 진행됨에 따라 농사에 필요한 습지와 저수지가 빠르게 사라졌는데, 이러한 사회·경제적 변화가 가시연을 위험에 빠뜨렸는지도 모릅니다.

그나마 남아 있는 서식지의 상황도 낙관적이지 않습니다. 물이 고인 장소에 관상 목적으로 다른 연 종류를 많이 키우기 때문입니다. 일반적으로 연은 잎으로 물 표면을 뒤덮거나 땅속줄기를 흙 속에 빽빽하게 뻗는 등 생존하는 데에 공간이 많이 필요한데 가시연 또한 예외가 아닙니다. 따라서 가시연이 사는 지역에 다른 연이 나타나 공간을 놓고 경쟁을 벌이면 필연적으로 가시연의 생존이 위협받을 수밖에 없습니다. 이러한 상황에서 가시연이 다른 종과의 경쟁에서 밀려 개체수가 줄어들고 있는 것으로 추정됩니다.

한편 인터넷 등에서 외국산 가시연 종자를 쉽게 구입할 수 있고, 관상과 식용 목적으로 식재하여 활용하기도 합니다. 이렇게 구입한 종자는 의도적 또는 비의도적 요인에 따라 우리나라 습지 생태계로 유입될 가능성이 매우 높습니다. 유입된 외국산 가시연은 곤충의 꽃가루 수정유성생식으로 한반도에 오래전부터 자생해 온 가시연과 유전적으로 뒤섞이게 되어 자생종 고유의 유전적 가치를 잃어 버릴 염려가 있습니다.

가시연의 생태계 역할

가시연은 아름다운 꽃과 거대한 잎, 무시무시한 가시로 무장하여 우리에게 강인한 인상을 안겨 주는 식물입니다. 우리나라에서 멸종위기종으로 지정된 만큼 서식하는 습지 수질이 1~2급수의 맑은 곳에서 살아가는 것으로 생각할 수 있지만, 사실 가시연은 3급수 이하의 더러운 물을 좋아합니다. 여기서 더러운 물이란 도시의 생활하수, 공장 오·폐수가 아니라 농경작지 같은 곳에서 부영양 물질이 흘러든 물을 뜻합니다. 서식처 주변에 풍부하게 존재하는 영양 물질을 대량으로 흡수해 이용하므로 한해살이식물임에도 엄청난 크기로 자라납니다.

또한 가시연은 습지의 수질을 정화하는 능력이 뛰어난 식물입니다. 습지에 유입되는 영양 물질과 물의 양은 홍수, 가뭄, 인위적인 요인 등 여러 상황에 따라 급격하게 변하기도 합니다. 이러한 현상에 따라 습지 생태계의 이질적인 변화를 일으키기 마련이지만, 그 장소에 습지식물이 대규모로 군락을 이루면 급격한 생태계 변화를 방지하고 완충하는 역할을 할 수 있습니다.

　최근에는 번식하기 위해 따뜻한 남쪽 지방으로 찾아오는 희귀조류인 물꿩의 번식 장소로 주목받고 있는데, 가시연의 잎에 산란하여 새끼를 키우는 장면이 많은 사람들에게 목격되었습니다.

　가시연의 잎은 동그란 형태이며 지름 1.5미터 정도로 매우 크게 자랍니다. 8~9월에 경상남도 창녕군 우포늪에 가면 수면을 빼곡하게 메우고 있는 가시연의 잎을 볼 수 있습니다. 이색적이고 경이로운 경관에 많은 이들의 감탄을 자아내기도 합니다.

　수면을 가득 메운 커다란 잎은 마치 우산을 펼친 것과 같은 차광 효과를 가져옵니다. 이는 습지의 수온이 급격하게 오르는 것을 방지하여 녹조류 등의 이상번식을 막고, 이에 용존산소량이 급격하게 줄어드는 사태를 방지하여 물속에 서식하는 물고기, 수서곤충 등이 호흡하며 살 수 있게 해줍니다.

　이처럼 가시연은 아름다운 꽃과 거대한 잎으로 인간에게 심미적인 아름다움을 줄 뿐만 아니라 습지 생태계가 지속가능하도록 도움을 주는 고마운 존재임에 틀림이 없습니다.

수면을 가득 메운 가시연 잎

야생 가시연의 보전 방안

초창기 생물종 복원이라는 개념은 단순히 종을 번식하여 새로운 세대를 이어가는 수준이었습니다. 하지만 현재는 증식의 개념을 포함하여 종에 맞춘 서식처 보전이 필요하다는 사실이 많은 연구자들에 의해 밝혀졌습니다.

모든 생물종이 그렇듯 가시연도 뿌리를 내리고, 양분을 흡수하고, 번식하고, 다음 세대를 지속적으로 이어갈 수 있는 서식처 보전이 필수적입니다. 가시연을 보전하려면 물 흐름이 매우 느리거나 고여 있는 물 공간을 확보해야 하며, 세부적으로는 종자가 발아하고 생육에 적합한 적정 수심을 유지해야 합니다.

한반도에서 비옥하고 넓은 습지는 해발이 낮은 지대에 분포하므로 예부터 인간이 농지, 매립 부지, 집터 등으로 이용하여 대부분의 서식처가 사라졌습니다. 그나마 현재 남아 있는 서식처도 개발될 수 있는 잠재적인 위협에 노출되어 있는 것이 사실입니다.

또한 외국산 품종을 키우면서 자칫 자연 생태계로 유출되어 자생종의 유전적 교란이 일어날 수도 있습니다. 따라서 우리 모두 인식을 바꾸어 외래식물의 무분별한 도입과 유출 행위를 하지 말아야 할 것입니다.

국가 차원에서 가시연의 서식처 보전 사례는 환경부에서 지정한 습지보호지역에 해당되는 우포늪이 대표적입니다. 가장 넓은 면적에서 자라는 가시연을 볼 수 있는 습지로, 지정된 경로 이용, 경작 및 어로 행위를 금지하고 있습니다. 이와 함께 학술 연구 등을 통해 다양하게 가시연 서식처를 보전하고자 노력하고 있습니다.

이렇게 멸종위기 식물인 가시연의 생존에서 위협이 되는 요소를 파악하여 관리하고 보전해야만 미래에도 가시연의 아름다운 모습과 생태를 지속적으로 관찰하고 만날 수 있을 것입니다.

찾아보기

ㄱ

강랑 105
개연 164
거주형 소똥구리류 103
거품집 98, 100
경단형 소똥구리류 103, 108
경칩 74~76
공기주머니 138~145
관심대상LC 36, 60, 102, 168
귀뚜라미 126
기관 숨문 139, 142
기주식물 132
기후변화 61, 69, 127, 147
깃대종 36
꼬리돌기 115

ㄴ

나고야 의정서 110, 161

ㄷ

담비길 17
도킨스, 리처드 122
동개 156
땅강아지 126

땅속줄기(지하경) 167, 168
띠무늬(색대) 153, 158

ㄹ

령기 131

ㅁ

마쓰무라꼬리치레개미 118, 123
만숙성 45
말벌 18, 19, 20, 25
먹이 그물 144
물꿩 170
밀구 19

ㅂ

바닥 둥지 45
반조숙성 45
방아깨비 126
방화곤충(매개곤충) 120, 121
배갑 139
버들붕어 98, 100
번식지 42, 43, 45~48, 50~52
벼메뚜기 126

보호색 130, 134
부성애 80, 81, 83, 86
부영양화 148, 164
비둘기 젖 59
비막 34, 35

산란 전략 97, 98
산란관 99
산란장 81~83, 85~87
산란탑 98~100
상주연대 158, 159
생중량 18
서식지 교란 69, 128
서식지 파괴 69, 71, 93~95, 135, 147, 168
섬모 156
성적이형 45
세계자연보전연맹IUCN 36, 42, 51, 60, 68, 102, 114, 167
세력권 23, 139
소수성 139
수염뿌리 165
식물상 48, 148
식생 47, 48, 148

알집 133, 141
어름치 98, 99
에우리알레 164, 167

여치 126
연시(사랑의 화살) 155
염생식물 43, 47, 48
외치 105
용존산소 142, 146, 170
우산종 24, 36
우선 복원대상종 60, 153
위급CR 51, 102
위기EN 42, 102
유전적 교란 172
유해야생동물 64
융기선 69
『이기적 유전자』 122
이상번식 170
이소 45
인편 114
입수공 99

저대底帶 158, 159
적색목록 36, 51, 60, 68, 102, 116, 129, 168
제공臍孔 158
제대臍帶 158, 159
조숙성 45
주연대 158, 159
준위협NT 102, 116
지구온난화 123
『지봉유설』 75
지역 절멸RE 102, 108
지표종 25, 108
진균류 157

창시자 개체군 42
책허파 139, 142
철남성 164
청각 기관 126, 131
추성 98
출수공 99
취식지 46, 47
취약VU 42, 102, 114, 167
치설 156, 157
『침묵의 봄』 121

카슨, 레이첼 121
코프리신 105
콜로마, 루이스 76
크라우스 기관 131

타포니 57
탁란 83~85
터널형 소똥구리류 103

파이퍼, 루트비히 152
프로락틴 59

행동권 23, 24, 60, 73
환경오염 69, 121, 123
활강 31, 32, 34, 35, 37